峨嵋金顶

揚州賞石

赵御龙 陈跃 主编

广陵书社

图书在版编目（C I P）数据

扬州赏石 / 赵御龙，陈跃主编. -- 扬州 : 广陵书社，2016.8
ISBN 978-7-5554-0609-9

Ⅰ. ①扬… Ⅱ. ①赵… ②陈… Ⅲ. ①观赏型－石－介绍－扬州 Ⅳ. ①TS933.21

中国版本图书馆CIP数据核字(2016)第211906号

书　　名	扬州赏石
主　　编	赵御龙　陈　跃
责任编辑	刘　栋　金　晶
出版发行	广陵书社
	扬州市维扬路 349 号　　邮编 225009
	http://www.yzglpub.com　　E-mail:yzglss@163.com
印　　刷	无锡市极光印务有限公司
装　　订	无锡市西新印刷有限公司
开　　本	889 毫米 × 1194 毫米 1/16
印　　张	14.75
字　　数	150 千字　图 220 幅
版　　次	2016 年 8 月第 1 版第 1 次印刷
标准书号	ISBN 978-7-5554-0609-9
定　　价	188.00 元

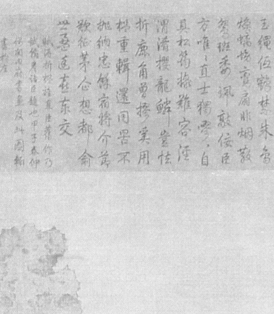

序

扬州园林文化是扬州文化的重要组成部分，扬州赏石文化则是园林文化的一朵奇葩。欣逢第十二届中国赏石展览会2016年10月下旬在扬州召开，我们有了出版一本《扬州赏石》的动议。

开笔之后方觉困难，扬州文化的书籍浩如烟海，但惟独没有赏石方面的著作，典籍中关于赏石的记载不过只鳞片爪，比如说在扬州做官的苏东坡得到两枚奇石，写下了一首诗；扬州人阮元留了几块雨花石在镇江的焦山上；郑板桥爱画石，以丑石自喻……所有关于赏石方面的记载，仅限于写石、论石，几乎没有涉猎扬州赏石文化的历史沿革和赏石研究。

惟其困难，方显得出版一本《扬州赏石》的重要性和必要性。我们从繁杂的文献、古迹中挖掘扬州赏石文化发展的脉络，从智见中感悟“扬州石”之“精”美、之“灵”气，终于有了这本文图对照的《扬州赏石》。

本书详细、系统地介绍了扬州赏石文化的起源与发展，将赏石文化融入到扬州传统文化环境中，对扬州赏石文化进行了全方位、综合性的探讨。

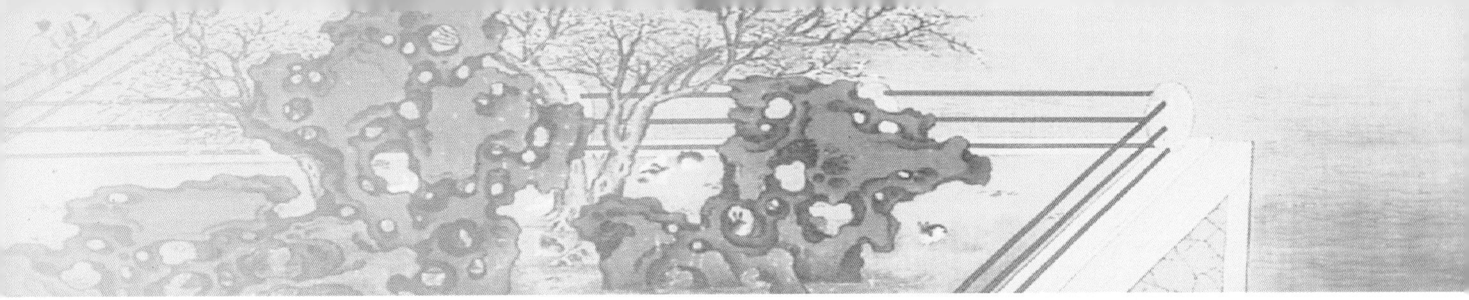

中国赏石文化，有自然风景石、园林赏石、供石、宝石及其他类。扬州赏石只涉及园林赏石、扬派小品和组合石、扬州雨花石三大类。园林赏石又可分为园林置石、叠石、山石盆景等三类。扬州雨花石有水石和供石之分。

阅读本书，可带您领略扬州置石之美，感受扬州叠石之趣，欣赏扬州水石之动，亲临扬州小品石之境。

感谢中国风景园林学会花卉盆景赏石分会、扬州市观赏石艺术鉴赏协会对本书出版的支持。由于水平有限，本书疏漏、错谬之处敬请指正！

赵御龙

2016 年 8 月 1 日

目 录

第一篇 扬州园林赏石

一、中国赏石的渊源与发展 /002

（一）中国赏石的历史渊源 /002

（二）中国赏石在近代及新时期的发展 /003

（三）中国的赏石观及赏石对象 /003

二、扬州赏石的历史与文化 /004

三、扬州园林赏石 /006

（一）公共园林 /006

1.园林置石 /007

个园鱼骨石 /007

何园石屏风 /008

荷花池“丈人尊”/008

瘦西湖钟乳石 /009

2.扬派叠石 /009

扬派叠石的特色 /010

扬派叠石的三处经典范例——个园四季假山、何园片石山房、小盘谷九狮图山 /010

扬派叠石的两处当代范例——石壁流淙、双峰云栈 /012

3.山石盆景 /013

（二）私家园林 /015

1.扬州小园假山漫议 /015

2.扬州小园叠山十“宜”/015

3.扬州当代小园叠石范例——梅庐 /016

四、扬州地产观赏石雨花石 /018

（一）扬州观赏石的历史和现状 /018

（二）上山觅石趣事 /019

（三）名人与扬州赏石 /022

五、扬派小品和组合石 /023

六、扬州赏石荣誉榜 /025

一、小品和组合石 /025

二、雨花石 /025

第二篇 扬派小品和组合石

夜读春秋 /027

十八相送 /029

风雪夜归人 /031

三个和尚 /032

吕布与貂蝉 /033

刘海戏金蟾 /034

和平颂 /035

天蓬元帅 /036

神仙洞府 /038

千里江陵 /039

观棋不语 /041

送子观音 /042

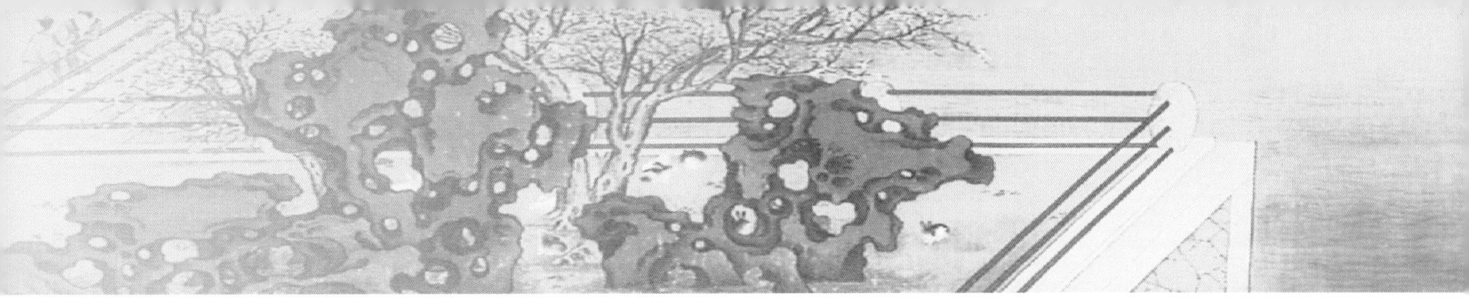

电影演员陈强 / 043
林间习定 / 044
暮　归 / 045
女　王 / 046
石　像 / 047
相马图 / 049
孟丽君脱靴 / 050
客　至 / 051
小脚春秋 / 052
寒江独钓 / 053
少林武僧 / 054
和美之家 / 056
扬州八怪 / 057
神　猴 / 058
拜　石 / 060
读书破万卷 / 061
海盗船 / 062
牧羊汉子 / 063
片　石 / 064
玲　珑 / 065
百年修得同船渡 / 066
自　在 / 067
卖花姑娘 / 068
石　友 / 069
天　池 / 070
大吉羊 / 071
禅心牧牛 / 072
禅 / 073
清　官 / 074
老人枯树昏鸦 / 075
老来乐 / 076
观　棋 / 078
观　渔 / 079
禅茶一味 / 080
松下参禅 / 081
邀　月 / 082
抚琴图 / 083
他是谁 / 084
闭花羞月 / 085
卧　云 / 086
山　隐 / 089
一代天王 / 090
以石度心 / 093
军　魂 / 094
雪景图 / 097
高僧有话说 / 098
板桥遗韵 / 101
午后甜点 / 103
扬州名点 / 104
扬州茶食 / 106
桃李不言 / 107
花　狐 / 108
爱鹅图 / 109
牧牛图 / 110

目 录

杀鸡儆猴 / 111
伯乐相马 / 112
二老论道 / 113
聊醉风林 / 114
赠汪伦 / 115
腊　肉 / 116
苦　读 / 117
霸王别姬 / 118
谋天下 / 119
鹏程万里 / 120
扬州八怪（新）/ 121
敢问路在何方 / 122
始　祖 / 123
奋　进 / 124
佛　龛 / 125
瘦骨罗汉 / 126
告老还乡 / 127
虔　诚 / 128
道　长 / 129
弥勒佛 / 130
脸　谱 / 131
老　叟 / 132
陶令归田 / 133
知　音 / 134

第三篇　扬州雨花石

峨嵋金顶 / 139
石　缘 / 140
寿 / 141
世界充满爱 / 142
湖光山色 / 143
俏夕阳 / 144
朱毛会师 / 145
太公独钓 / 146
空山新雨后 / 148
七级浮屠 / 149
江山多娇 / 151
上下五千年 / 153
中国雨花石 / 155
报春图 / 156
佛地祥云 / 157
儒道释 / 159
梦里水乡 / 160
富贵花开 / 161
二十四桥 / 163
寒鸦戏水 / 164
蜀岗晓月 / 165
古寺深秋 / 166

千岛湖 / 167
抚琴图 / 168
吴王夫差 / 169
唐　卡 / 170
宋元画意 / 171
城市规划图 / 173
夜　读 / 174
夕下随风 / 175
子　鼠 / 176
汗血宝马 / 177
红梅闹春 / 178
奇花异草 / 179
一叶知秋 / 180
春衫日暖薄且轻 / 181
松鹤卧佛图 / 182
润物无声 / 183
火眼金睛 / 184
生　机 / 185
石猴惊世 / 186
白　蛇 / 187
猪八戒 / 188
郑板桥 / 189
携手走天涯 / 190
灵　猴 / 191
真龙天子 / 193
秋巡图 / 194
秋　藤 / 195
中国好声音 / 196
豆蔻年华 / 197
蜡笔小新 / 198
绿野仙踪 / 199
蝶　舞 / 200
血染的风采 / 201
观　音 / 202
美猴王 / 203
黄莺觅食 / 204
雏　鸡 / 205
雨花石上的成语 / 207
雨花石上的扬州风景 / 208
美人韵 / 209
黄鹤楼 / 210
黄山一景 / 211
珐琅彩 / 212
青藤葫芦 / 213
东方红 / 215
戈壁风光 / 216
关山月 / 217
珐琅缸 / 218
酒　鬼 / 219
悟 / 221

秦淮海

天鑱海濵石欝若龜毛綠信爲小仇池氣象宛然足連巖下空洞鼎漲彭亭腹雙峯照清漣春眉鏡中蹙疑經女媧鍊或入金華牧爐薰尢雲氣研滴當川瀆尤物足移人不必珠與玉道傍初無異漢將疑虎伏支機亦何據但出君平卜奇僵入華林傾都自追逐我願作陳那令吼震山谷一拳既在夢二駒空所欲大士捨寶陀仙人遺句曲惟詩落人間如傳置郵速

（宋）秦观 诗咏仇池石

（清）佚名《雍正十二月行乐图之三月赏桃》

第一篇 扬州园林赏石

中国赏石的渊源与发展

扬州赏石的历史与文化

扬州园林赏石

扬州地产观赏石——雨花石

扬派小品和组合石

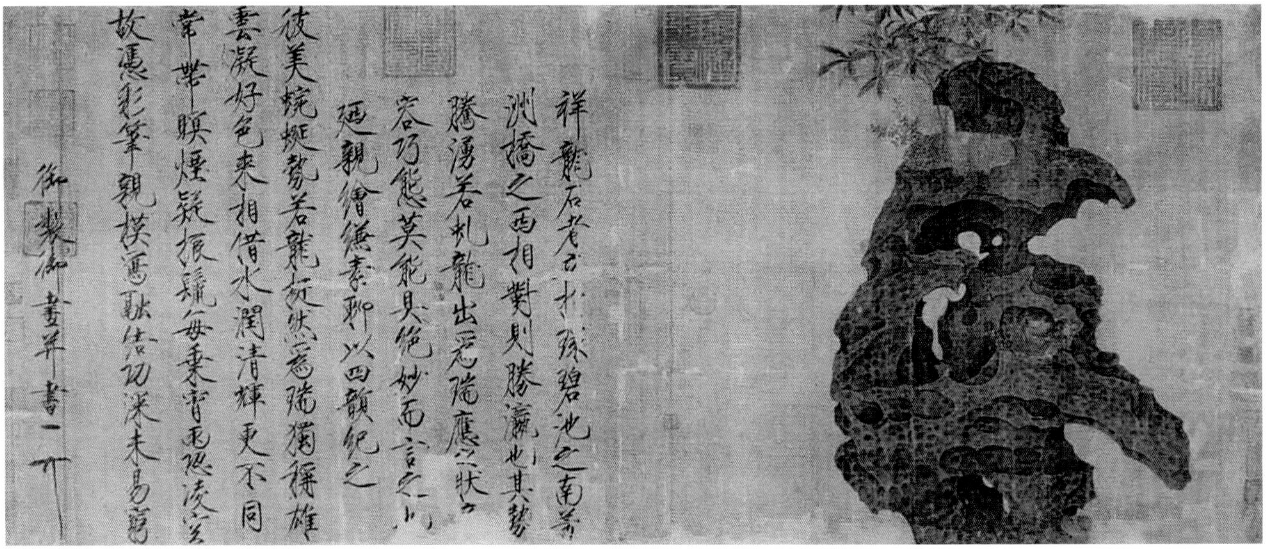

（宋）赵佶《宫廷赏石图》

一、中国赏石的渊源与发展

（一）中国赏石的历史渊源

赏石文化发源于中国，至今已有数千年历史。大致可分为四个阶段：

1. 孕育期：春秋战国至魏晋南北朝。这一时期的主要表现有：孔子已有“智者乐水，仁者乐山，仁智兼者乐石”的经典语录（见《论语》）。秦王朝的阿房宫、汉王朝的未央宫和上林苑等皇家园林已开始用形状奇特的石头装饰、点缀园林。南朝的江淹在诗中已有“崦山多灵草，海滨饶奇石”的句子；郦道元在《水经注·江水》一段中写到：“盛弘之谓空泠峡，上有奇石如二人形，攘袂相对。”这一时期个人藏石还很少，有文字记载的仅陶渊明藏有一块“醒酒石”。

2. 形成期：隋唐时期。这一时期已在帝王贵族以奇石点缀宫苑的同时，发展到文人雅士达官个人收藏，并引向民间，形成中华奇石发展史上的第一次热潮。标志有：李白、杜甫、白居易、刘禹锡、陆龟蒙、皮日修等著名诗人留下了不少咏石诗。白居易为当朝权贵牛僧儒写的《太湖石记》，比较全面地阐述了奇石鉴赏的有关理论，并在自己的庭院里大量藏石。当朝宰相李德裕在洛阳的平泉山庄藏石千余枚，也藏有一块“醒酒石”，此石躺卧能醒酒，用水沃之能现山水林木图像，是有记载的最早的“画面石”。此时，大唐的赏石藏石之风，开始传入高丽——即今天的朝鲜、韩国。

3. 繁荣期：两宋时期。皇帝爱石，臣民效之。宋徽宗精通书画，也爱奇石。留下千古骂名的“花石纲”事件，就是官僚为讨好宋徽宗在苏州搜集奇石造成的丑剧。在这样的世风下，官僚文人雅士爱石之风迅速流行。著名书画家米芾痴迷奇石，提出了“瘦、皱、漏、透”的赏石原则，影响至今。此期出现了苏轼、欧阳修、王安石、黄庭坚、陆游、叶梦德等一大批文人、官僚玩石、藏石、写石、画石。更有杜绾出版了世界上第一本奇石专著《云林石谱》，全面介绍了当时已知的石种，对后世产生了极大影响。

4.鼎盛期：明清时期。明清两代的皇帝大多是奇石爱好者，而且赏石玩石之风已普及到士兵、平民，赏石理论日趋完善，奇石专著层出不穷，石种不断增加，奇石观赏已影响到文学创作。明清流传至今的石谱、石录、石鉴等在十种以上，最有代表性的有明朝林有麟的《素园石谱》和文襄享的《长物志》，《长物志》第三卷《水石》论水8篇，论石10篇，真知酌见很多，对日本的赏石产生了很大的影响，今天日本称奇石为“水石”，即来源于此。这期间，雨花石的发展更是迅速，促进了以图案观赏为内容的赏石新潮，对后世影响很大。

（二）中国赏石在近代及新时期的发展

民国期间战乱纷纷，但也出了不少赏石名家。以“南许北张”为代表，“南许”指上海的许问石，“北张”指天津的张轮远，两人都以收藏雨花石而名扬天下，张还著有《万石斋灵岩石·大理石谱》，率先提出从“形、质、色、纹”等方面品赏奇石的新理论。二次大战以后，中国的赏石藏石活动间断了几十年，上世纪70年代中国台湾率先兴起赏石热，80年代两岸开始“三通”，逐渐影响大陆，之后，中国的赏石活动如火如荼，迅速兴起，进入了赏石文化的新时期。

当今园林赏石，按园林所处地理位置大致分为三类：

1.北方类型。北方园林，因地域宽广，所以范围较大；又因大多为百郡所在，所以建筑富丽堂皇。因自然气象条件所局限，河川湖泊、园石和常绿树木都较少。由于风格粗犷，所以秀丽媚美则显得不足。北方园林的代表大多集中于北京、西安、洛阳、开封。

2.江南类型。南方人口较密集，所以园林地域范围小；又因河湖、园石、常绿树较多，所以园林景致较细腻精美。因上述条件，其特点为明媚秀丽、淡雅朴素、曲折幽深，但究竟面积小，略感局促。南方园林的代表大多集中于苏州、扬州、杭州、南京、上海、无锡等地。

苏州狮子林假山

3.岭南类型。因为其地处亚热带，终年常绿，又多河川，所以造园条件比北方、南方都好。其明显的特点是具有热带风光，建筑物都较高而宽敞。现存岭南类型园林，有著名的广东顺德的清晖园、东莞的可园、番禺的余荫山房等。

（三）中国的赏石观及赏石对象

中国赏石多以人文赏石观为主导。中国和受中华传统文化影响较深的亚洲国家如日本、韩国、新加坡、泰国、印度尼西亚等，在赏石方面，偏爱造型奇特、形神兼备、以形寓理的奇石作品，以奇石为载体进行文化艺术、历史典故、道德情操等主题的创作，主要以人文科学为指导，属于艺术类型的赏石。而西方赏石偏重于科学赏石观。

中国传统赏石对象，主要有造型（象形）石、图案（画面）石两大类。东方传统品石，一般不探究石美的地质成因，而是较多地赋于人的精神观念，实际是将石的自然属性人格化、品格化了，追求的是奇石中蕴涵的诗情画意。例如：对图案石，观赏者最关注和倾心的是它的内涵意境，不但要图案优美，还须颜色相合，质地优良。石上的山水、花鸟、人物、走兽等图形、意境，都是依赖人的艺术灵感和丰富的想象力发掘出来的。西方赏石推崇矿物晶体、古生物化石和天外来的陨石等。

二、扬州赏石的历史与文化

扬州赏石，历史悠久，主要有园林赏石、扬派小品和组合石、扬州雨花石三大类。园林赏石又可分为园林置石、叠石、山石盆景等三类。扬州雨花石有水石和供石之分。

（一）**远古时期，龙虬庄人已经懂得赏石**。扬州因其特殊的地理位置和独特的人文环境，赏石上溯遥远。《尚书 · 禹贡》中记载："淮海惟扬州，厥贡瑶琨筿簜昆。"这里说的"瑶琨"就是现在的雨花石。扬州虽不产园林用石，却是中国雨花石的重要产地。

在距今7000至5000年的高邮龙虬庄新石器时代遗址中，考古发现了4枚石器随葬品。其中，3枚是自然砾石，经目测为圆形或者椭圆卵石，石面上有花纹。综合长江河道变迁轨迹，按照雨花石的广义概念，这3枚自然砾石可以认定为雨花石，那扬州雨花石欣赏的历史应为7000至5000年间，与南京北阴阳营发掘的76颗化石子，共同构成中国赏石文化乃至世界赏石文化起源的实证资料。

（二）**两汉至魏晋南北朝，雨花石雕件已成为扬州人的饰物**。在扬州仪征境内的汉墓遗址中，多处发掘出了花石头，均为自然卵石，其中有一处墓葬发掘出两枚分别为黑和白色的自然卵石，被摆放在死者的左右手里。从江淮地区魏晋南北朝时遗址考古发掘情况看，一些士大夫墓葬中发现玛瑙饰品。据此推测，魏晋时期扬州人已经将雨花石制作成雕件佩戴或者把雨花石及雕件作为陪葬品。

专家认为，新石器时代以来的雨花石作为随葬品偏重于祭祀宗教含义，直到魏晋南北朝时代，才具有审美意义上的欣赏。

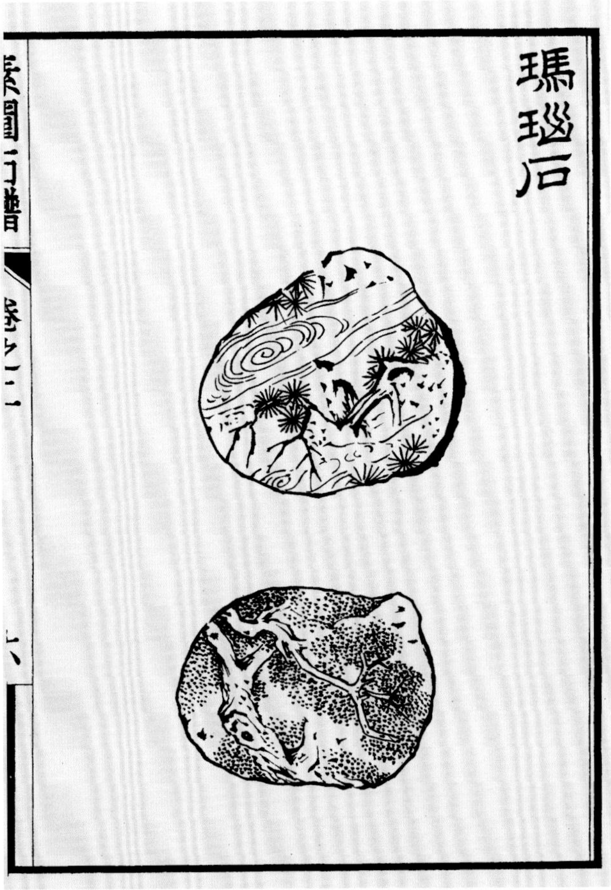

《素园石谱 · 玛瑙石》

（三）隋唐时期，对雨花石的欣赏以盆景配景为主要形式。隋唐时期的扬州极度繁华，赏石风气盛行，其中包括当时的文人官员、诗人墨客，如牛僧孺、李裕德、白居易、王维、李白、杜甫等人。雨花石虽然不是主打石，但是它的奇美也受到了人们青睐，并渗透到日常生活之中。这一时期，雨花石的欣赏进入了一个非常重要的时期，当时人们称雨花石为绮石，把它与菖蒲、水仙、琼花等花卉植物一起欣赏，作为盆景配景、园林点缀。

（四）宋元之间，雨花石研究在扬州发端。宋代沿袭了唐代的赏石遗风。大诗人陆游就是一名赏石家，在他《闲居自述》中“花若解语还多事，石不能言最可人”一句就是最好的例证；宋代赏石家杜绾《云林石谱》提及湖北荆州松滋石：“五色石，间有莹彻纹理温润如刷丝，正与真州玛瑙不异，土人未知贵。”这里面的“真州玛瑙”指的就是扬州仪征的雨花玛瑙石。

在扬州为官 6 个月的苏轼也是一名雨花石爱好者，对于雨花石的欣赏，他提出的“怪、美、质、色、形、纹、像、意、式”成为现代雨花石欣赏范式之滥觞。

元代知名政治家、学者郝经，出使南宋时，曾被扣留仪征达 15 年之久。在这期间，他喜欢上了雨花石，并写出了与之相关的《江石子记》。他通过追溯和想象雨花石演变历程，感悟人生，亦如物之造化，“变有不可胜穷”，“坚者为至柔所变”之理，抒发他不屈不挠的斗志。专家认为，郝经对雨花石的描绘比苏东坡还要丰富和客观，为明代的雨花石笔记小说提供了范式，堪称雨花石小说笔记中的经典。

（五）明清为赏石史上的高潮期，在扬名人多喜赏石。明清两代，雨花石欣赏风气盛行，人数、规模、市场、品石等获得空前的繁荣与发展，形成历史上第一次雨花石收藏热。扬州的雨花石欣赏也不例外。而这些在《素园石谱》《长物志》以及明代小说笔记中，均有记载。明陈继儒在《太平清话》中写到：“从涧旁结草棚以市酒食而负石者始众，此风唯万历甲年始见之。”明陆君弼在《夏日朱宪昌山人以锦石见贻》诗曰：“真州灵岩亦产此，小者弹丸大凫子。”扬州雨花石欣赏于此际出现了一批标志性人物和重要的赏石理念，为现代赏石打下了坚实基础。

虽然当代所有的雨花石著作和文章中都没有提到阮元赏雨花石的事，但阮元与雨花石结缘的可能性极大。例如，史籍记载，阮元曾留 4 枚雨花石在镇江焦山寺焦公祠仰止轩中。另外，在《道光重修仪征县志》

中有几处阮元在仪征赏石的记载。

曹雪芹祖父曹寅同样是一名雨花石爱好者，在他的《江阁晓起对金山》中，有这样的诗句国："从谁绚写惊人句，聚石盘盂亦改颜"，反映了曹寅在扬期间，赏石成为他消愁解闷的一种方式。专家研究认为，曹雪芹《红楼梦》中所描绘的"大如雀卵、灿若明霞、莹润如酥、五色花纹缠护"的"通灵宝玉"原型极有可能就是一件雨花石珍品。

孔尚任在扬期间，也钟情雨花石，在他的《湖海集》中，专门以诗歌的形式歌咏扬州和六合的雨花石。而作为扬州八怪的代表性人物郑板桥，也曾多次到仪征采风、会友、赏石。

（六）民国至当代，扬州赏石之风仍在。到了民国至当代，赏石之风仍在，扬州人对雨花石的欣赏也因时代的变迁而不断演化。

文学大家朱自清、盆景大师徐晓白都对雨花石钟情。徐晓白先生喜爱雨花石，又缘于奇石，始于盆景。他认为，世界盆景艺术的起源在中国，中国盆景的起源在扬州。认为盆景与赏石是异曲同工之妙。为此，他曾赋诗曰："奇石与盆景，都能成妙境。把玩供长时，自然两情永。"

著名作家、资深雨花石收藏家忆明珠曾任仪征文化馆馆长，他以《雨花石臆名》《雨花石志异》和《爱石说》3 篇散文，反映了上世纪 90 年代扬州藏友赏石的水平。

三、扬州园林赏石

（一）公共园林

扬州园林是扬州赏石文化的重要载体，是人们仿造自然、崇尚自然的产物。为了再现大自然的山水林木景观，满足人们休闲娱乐的需求，造山成为中国园林的一大创造。

扬州园林的造山始于西汉吴王刘濞的宫苑，这是有明文记载的，然史籍中却鲜见石景记载。从汉至宋，乃至元代，都是如此。这可能与扬州园林假山缺乏叠山石材有关。

明代以后，扬州交通便利，盐业兴起，经济繁荣，造园之风盛行。扬州园林可以大量从南方回载叠石石料，于是逐步改变了利用自然陂泽，或以堆土为阜为冈的情状，开始了以石叠山的历史。最初的叠石佳作，见于明代后期的于氏之园。明张岱《陶庵梦忆》中称于园"奇在叠石""池中奇峰绝壑"，并说"瓜洲诸园亭，俱以假山显"。明崇祯初年，叠石造园家计成在真州（扬州仪征）筑寤园，园中的叠石名"灵岩"，峰危岩险，景象幽绝，"虽由人作，宛自天开"。崇祯七年，计成又于扬州城南筑影园，影园的构思匠心独具，园内的叠石采用了"以假为真""做假成真"的手法，讲究整体的和谐与自然韵致，追求宛若天成的效果。其间，计成还在扬州著成《园冶》一书。《园冶》是我国古代唯一的造园专著，书中"掇山""选石"两章，是对扬州叠石的经验总结，扬派叠石也由此脱颖而出。

清康乾年间，扬派叠石进入鼎盛时期，其主要标志是技艺的成熟与佳作的丰富。这一时期，扬州为盐运和漕运中心，经济十分繁荣，康熙、乾隆皇帝均曾六次南巡驻跸扬州，扬州盐商依仗其雄厚财力，竟相叠山造园，争奇斗艳，以邀圣宠。一时间，众多书画大家、文人雅士、叠山造园能工匠师汇集扬州，名篇佳作频频问世，有石涛叠片石山房、张涟叠白沙翠竹江村石壁、董道士叠卷石洞天水上湖石九狮山、仇好石叠怡性堂宣石山、戈裕良叠秦氏意园小盘谷，以及来自宜兴的山水画家谢晓山，来自苏州的姚蔚池，善于相石的张南山，以及本地名工王庭余、张国泰等。他们在叠山方面各具独特造诣，又互相交流、影响，从而使扬派叠石技艺更臻精妙。其中，“片石山房”在艺术价值上登峰造极，堪称“人间孤本”;“卷石洞天”出人意想的效果，彰显出扬派叠石技艺的精湛与独特;“四季假山”的“春山宜游，夏山宜看，秋山宜登，冬山宜居”，更是将扬派叠石推上了新的高峰。

扬派叠石虽然晚于苏派叠石，但能吸纳南北两派之长，异军突起，迅速成为中国南方叠石的杰出代表，“杭州以湖山胜，苏州以市肆胜，扬州以园亭胜。三者鼎峙，不可轩轾”，“扬州以名园胜，名园以垒石胜”。清末民初，由于改革盐法，盐商多受重创，运河盐运经济日渐衰退，扬州塑石假山渐失往日辉煌，扬派叠石的发展也因失去了经济的支撑而步入低迷状态。大批叠石名师或亡故，或他去，只有画家、园艺家出身的余继之和叠石巧匠王庭余的第四代后裔王长玉等人，依然叠石不止，为当时扬州的达官富商住宅叠造了一些小型假山。

新中国成立后，扬州假山扬派叠石才开始复苏，先后抢救、修复了旧时扬州留下的一批叠石佳作。上世纪八十年代初，扬州成立了古典园林建设公司，扬州地区的叠石名师巧匠一起聚集于此，扬派叠石逐步形成了多支专业施工队伍，并加快了复兴步伐。1989年，园林大师吴肇钊完成片石山房的修复。“细心复笔，画本再全”，使“扬人得永宝此园，洵清福无量矣”。20世纪90年代后，扬州王氏叠石的新一代传人方惠，在长期的艺术实践中，逐步成长为当代中国最有成就和影响的叠石专家之一。他所创作的一批叠石精品和多部叠石专著的出现，是对扬派叠石从技艺到理论的又一次全面提升。2007年6月，扬州假山园林叠石研究所在扬州市个园管理处正式挂牌成立，为传承和弘扬扬州文化开拓出一片新的天地，使传统的叠石技艺能在国内和国际的现代造园艺术中发挥出新的、更大的作用。

1.园林置石。置石又称点石、立峰，为赏石在园林中布置的一种重要形式。主要特点是运用完整、优美的山石独立摆置，以欣赏其单体美。

扬州园林中的置石“玲珑块垒”，少而精，最为著名的有四大置石。

其一，个园的鱼骨石。去个园，除了看她的万竿修竹，她的四季假山，更可看的是夏山前的一柱鱼骨石。

个园的鱼骨石

何园的石屏风

荷花池的“丈人尊”

绕行夏山碧池，曲桥旁边立一湖石，此石修长飘逸，自下而上有三个近圆形的孔洞，如剔净的鱼骨，遮去下面的孔洞，又极似汉字中的“丑”字。宋代的苏东坡虽然做过扬州的太守，可是他肯定没有见过几百年后才现身扬州的这块“丑石”，不过他的“石文而丑，一丑字而石之千态万状备也”却好像是专为此石而说。夏山上有一株云南黄馨，仿佛绿色飞瀑挂于山前，这成为观看鱼骨石镂空效果的绝佳背景。

其二，何园的石屏风。游何园，人们往往会去看一处石涛和尚叠石的“人间孤本”——片石山房的大型湖石假山，其实牡丹厅前的石屏风，实在是不应忽略的风景。

跨过圆洞门，是一座玲珑石桥，桥下流水清浅，游鱼嬉戏，桥畔石桌石椅，繁花满树。沿砖铺小路西行，迎面一块临风孤立造型奇异的峰石立在前面，此置石唤作石屏风，起着界定区域、阻隔视线、美化园景的作用。因为石屏风是用整块石头制作，所以在选材上需极尽考究。既要有高大之势，还要有飞舞之态，更要有玲珑之意、秀美之姿。因此，让兼具漏、透、瘦、皱、秀五大特点的太湖石来充当是最合适不过。

北大未名湖北岸，土坡上矗立着四扇石刻屏风，这是来自圆明园福海南岸“夹镜鸣琴”景点的遗存；印度泰姬陵石棺周遭，围绕的是细致透明的大理石屏风……中外园林石屏风多加工细刻，以天然湖石作为屏风而确实起到“障景”作用的，何园石屏风应是典范。

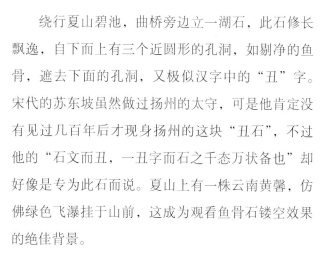

其三，荷花池的“丈人尊”。荷花池公园是一座免费对外开放的城市园林，她位于城南，是个典型的闹中取静的园林。古九峰园、古影园的原址就在其中，九峰园原名为南园，因清代名士汪玉枢得太湖峰石九尊，故乾隆赐名为“九峰园”。

史籍记载，九尊湖石“大者逾丈，小亦及寻……（石有）八十一穴，大如碗，小容指”。后奉旨选二石，送往京师，入于御苑。到清后期，园内只存四五石。高文照有诗云：“名园九个丈人尊，两叟苍颜独受恩。也似山王通籍去，竹林唯有五君存。”后“九峰园”荒废，仅存一个“丈人尊”。时至上世纪60年代，扬州博物馆馆长陈祚达先生将此名园遗石移至史公祠梅花仙馆保存。后于1995年建“荷花池公园”时，才将此石移回。

此置石位于公园船厅前，这尊经历多舛的奇石，密密的孔窍，玲珑剔透，造型奇特而自然，吸引了众多游人合影留念。

其四，瘦西湖的钟乳石。瘦西湖内有小金山，小金山里有钟乳石。踏上小金山，迎面是一组庭院。面南的院门上有“小金山”三个字。

院内有敞厅三楹，两株百年银杏间有一块2000多年形成的钟乳石。它不仅拥有本来要装点皇家园林的特殊身份，还另有珍贵之处，细细一瞧，其自然形成的船行山水盆景恰似一幅瘦西湖的微缩模型。

这块奇异的石头是宋代花石纲的遗物。古代运输用船编号记数，十船为一纲。用船运送花和石头，就被称为“花石纲”。当年的宋徽宗赵佶很喜欢奇花异石，在他六十大寿之际，决定在京城开封府建造修建“丰亨豫大”（即丰盛、亨通、安乐、阔气的意思）的园林，这块来自广西的钟乳石，就是在运输过程中恰好碰上方腊的农民起义而遗落在扬州的。这也是目前扬州最大的一块钟乳石。

江南一带，来源于花石纲的置石不少，上海豫园的玉玲珑，杭州植物园的绉云峰，苏州的端云峰，据称都是花石纲遗石。

2. 扬派叠石。园林置石是让人欣赏单体美，而园林叠石是为了让人欣赏群体美，旨在有限的空间里，艺术地再现大山雄伟绵延的气势和险峻幽深的境界。因此叠山总是截取自然山体中的峰峦、峭壁、

瘦西湖的钟乳石

悬崖、壑谷、洞曲等等最具山体本质的部分，加以组合、创造，辅以池水，配植草木，叠筑出真山水的意境。而在出峰求其峻峭，筑壑求其深邃，造洞求其幽微，引水求其映照等等各派皆能的基础上，扬派叠石从构思到拼叠，更讲求“中空外奇”的法则，把握住了叠石造山技艺的三昧。

扬派叠石的特色。其一，叠山时，善于运用条石。以之为骨，扯拉四方，平衡左右，山体能沉稳坚固；以之作岩壁外挑，山体能后坚前悬；以之为山腹洞室结顶，洞室能宽广坚实；以之作洞口池上飞梁，山水多自然古朴之态。如扬派叠石与苏派相比，更喜于山腹作洞室，使山中空，洞穴宽广曲折，甚至有作两层洞室的。而理洞最难者为结顶，扬派理洞，从起脚、立柱、留穴、置窗、理壁直到以条石结顶，皆承计成之法。《园冶》中说：“理洞法，起脚如造屋，立几柱著实，掇玲珑如窗，外透亮。”理洞壁，如理岩法，“合凑收顶，加条石替之。斯千古不朽也。洞宽丈余，可设集者，自古鲜矣。”现今可见的片石山房二石室，小盘谷湖石山洞，个园湖石山洞、黄石山两层洞室等皆为条石收顶，便是明证。

其二，叠山时，善作大挑大飘。叠石造山，都应依纹合皴。而用横纹拼叠之时，从岩体中伸出一长条石，在技法上称挑；于挑石末端再叠压一石，则称为飘，这是拼叠诸技法中两种结合一起的方法。这种挑飘之法，北方及江南苏派叠山时也常使用，以增加山体动势。而扬派的挑飘则更为大胆，夸张，常常形成大挑大飘，不仅使山体增加动势，而且更具险势。原来静态的山体，因之变得空灵多姿、玲珑优美。此法亦始自计成。《园冶》中说：“理悬岩，起脚宜小，渐理渐大。及高，使其后坚能悬。斯理法，

个园四季假山 · 夏山

古来罕有。”“予以平衡法，将前悬分散。后坚，仍以长条石堑里压之，能悬数尺，其状可骇，万无一失。”扬派这种挑飘，往往在一座山体上，作高低参差、角度相宜、长短不一、形态生动的挑飘，山体既灵动如舞，又平衡稳固。现今个园“透风漏月”西墙外湖石小山，何园读书楼下湖石小山，以及小盘谷高九米的湖石九狮山，都是扬派大挑大飘之法承传的样本，技术含量极其丰富，不唯叠法干净利落，山体也空透飘逸。

扬派叠石的三处经典范例：个园四季假山、何园片石山房、小盘谷九狮图山，这三处叠石在一番小天地中成就了一个大世界。

扬州个园用石头来表现一年四季的意境，这在古今中外的中国园林中是一个孤例。春山在园南，与住宅通连，园门石额上刻“个”字，形如三片竹叶。门两侧花坛上满植翠竹，坛前石笋丛立，状如春笋竞生。假山沿花墙由东向西，布局疏朗，堆成各种动物形态，以示春回大地。夏山在园西南，是一组玲珑剔透的湖石假山，背北朝南，阳光充足。山上古树、山中幽谷、山底清潭，曲桥水流，假山倒影，有若夏雨初晴景象。秋山在园东，用黄石叠

何园片石山房

小盘谷九狮图山

砌，山峰峻峭，颇类深秋色调。西北置小亭，山洞盘旋曲折，山中有飞梁石室，内置石桌、石凳，外为小院，可仰视峰石。山南建“住秋阁”，山间阵阵轻风送爽，平添秋意。冬山在园东南透风漏月轩前，用宣石叠山，背南面北，参差起伏。因石中含石英，背光闪白色，犹如一堆残雪。山后北墙开四个圆洞，东北风吹来似作呼啸之声。诸种景物的创造具见匠心。

何园片石山房是石涛大师留在人间的唯一叠石作品。石涛和尚俗名朱若极，是明朝皇室的后裔。刚满10岁时就遭到国破家亡之痛，明亡后，躲灾避祸，隐姓埋名，出家为僧。他钟情山水，师法自然，从事作画写生，一生遍访名山大川，“搜尽奇峰打草稿”，领悟了大自然的一切生动之态，开创了中国画坛绘事的一代风尚。石涛和尚不仅是中国画坛的一代宗师，也还是一位叠石造园的高手。他在四十一岁时结束云游生涯，侨居扬州，创作了叠石杰作片石山房。它也是石涛大师留在人间的唯一叠石作品，所以称为孤本。清光绪九年（1883），何芷舠从吴姓人家手里买下片石山房，把它变成了何园的一部分。片石山房并非自然而超脱自然，出自人工却巧夺天工，峰高9.5米，作傲视群雄状，在江南园林中前无古人，所以被人们称誉为冠盖园林叠石的“天下第一山”。人间孤本的腹内，藏有石室两间，上有凌空栈道，下临瀑布深潭，人们从这座屹立不倒400年的人间孤本上，感受和领略着石涛大师博大精深的艺术造诣和山水情怀。

小盘谷园内北部临池依墙的湖石假山，叠艺高超，过去一直以“九狮图山”相称。陈从周教授在《扬州园林》一书中，对小盘谷的假山作如下评价：“……山拔地峥嵘，名九狮图山，峰高约九米余，惜民国初年修缮时，略损原状。此园假山为扬州诸园中的上选作品。……叠山的技术尤佳，足与苏州环秀山庄抗衡，显然出于名匠师之手，按清光绪《江都县续志》卷十二记片石山房云：‘园以湖石胜，石为狮九，有玲珑夭矫之概。’今从小盘谷假山章法分析，似片石山房为蓝本，并参考其他佳作综合提高而成。‘九狮图山’，因其山石外形如群狮探鱼而得名。山下有洞，洞出西口，有池水一泓，池上架石梁三折。池西一水阁凉厅，三面临水，山洞北口，临水设‘踏步’，石上嵌‘水流云在’。整个园林是以小见大之手法中最杰出者。”

石壁流淙

双峰云栈

扬派叠石的两处当代范例：蜀冈—瘦西湖风景名胜区的石壁流淙、双峰云栈

石壁流淙。《扬州画舫录》这样描述“石壁流淙”胜景：石壁流淙，以水石胜也。是园辇巧石，磊奇峰，潴泉水，飞出巅崖峻壁，而成碧淀红涔，此石壁流淙之胜也……如新篁出箨，匹练悬空，挂岸盘溪，披苔裂石，激射柔滑，令湖水全活，故名曰“淙”。淙者，众水攒冲，鸣湍叠濑，喷若雷风，四面从流也。后湮没不存。

2007年烟花三月期间，蜀冈—瘦西湖风景名胜区在万花园恢复重建了清代瘦西湖二十四景之一的“石壁流淙”。景点由水竹居、阆风堂等三组建筑和一组黄石假山组成，景点方案设计由中国工程院院士孟兆祯担纲。其中假山石料用量为1.2万吨，景点可充分体现“城市山林”的特点。

双峰云栈。据《扬州画舫录》载，蜀冈“两山中为峒，今峒中激出一片假水，漩于万折栈道之下，湖山之气，至此愈壮。”“双峰云栈在两山中。有听泉楼、露香亭、环绿阁诸胜。”历史上的双峰云栈景观已荡然无存，扬州市政府于2013年初决定于蜀冈三峰中的东峰和中峰之间，恢复重建瘦西湖二十四景之一的“双峰云栈”景观。

在双峰云栈叠石造景中，建设人员精挑细选了万吨太湖石为主结构，同时以山东黄石为点缀。大量运用了“挑”“飘”技法。“挑”“飘”技法的运用打破了山体的呆板、僵硬之态，增强了活泼、灵动之势。气势磅礴的假山高高屹立，呈现出气势恢宏的风姿。从远处看，假山层层叠叠，高高低低，错落有致，就像走进了奇石嶙峋的群山之中。

除了山石、叠水和栈道，双峰云栈难度最大的就是表现出“云”效果来。利用瀑布击撞山石溅起的“飞琼溅雪”即水汽来表现“云”，同时利用堆叠的太湖石山石，“叠石如停云”，通过巧妙的太湖石堆叠，远看就如同停住的云朵一样。此外，还在水流处适量使用隐蔽雾化技术，加强水汽雾气的蒸腾作用，形成山林中云烟缥缈的意境。

值得一提的是，在石材选择的细节上，考虑到石材只有在瀑布水流的长期激烈冲击和物理作用下，才会产生凹槽、水垢、青苔等自然效果。为此，在叠石过程中，根据水流走向，预先设置了经过细部处理的特殊石材，为这些石头镌刻上“沧桑烙印”，人为营造出苍劲古朴的历史意蕴。所谓“虽由人作，宛自天成”，此可为一例。

3.**山石盆景**。山石盆景在扬州又叫山水盆景。“以石喻山，以盆示水”，将优美的水色山光缩影于咫尺盆中，“一石则太华千寻，一勺则江湖万里”，小中见大，气象万千。

扬州是一座历史文化名城，文化积淀深厚，玩赏山水盆景的风气源远流长。据有关文字记载，扬州出现山水盆景的时间当不会迟于宋代。宋元祐七年（1092），大诗人苏东坡在扬州为官，公务之暇，喜游山玩水，探幽访古。一次偶获两枚奇石，即兴作成山水盆景并作《双石》诗为记。他在该诗的诗引中说：“至扬州，获二石，其一绿色，岗峦迤逦，有穴达于背；其一玉白可鉴。渍于盆水，置几案间……”又说：“我持此石归，袖中有东海，置之盆盎中，日与山海对。”由此，我们不难窥见诗人即兴创作山水盆景后的陶然自得之情。

到了清代，扬人赏玩山水盆景之风日盛，不仅官商大户以山水盆景作为陈设，即便平民百姓，“亦饰小小盆岛为玩”。清李斗在《扬州画舫录·卷二》中说：“湖上园亭，皆有花园，为莳花之地……养花人谓之花匠，莳养盆景……又江南石工以高资盆增土叠小山数寸，多黄石、宣石、太湖、灵璧之属。有孔、有皱、有罅、有杠，蓄水作小瀑布，倾泻危溜。其下空处有沼，畜小鱼游泳呴濡，谓之山水点景。”（注：山水点景即今之山水盆景。）

盆景中可蓄小鱼，可见盆盎有一定的深度。这种用较深的盆盎制作山水盆景的习惯，一直延续到民国时期。后来，人们觉得这样的盆景只能欣赏山头、山腰，看不到山脚，若改用浅盆，便能欣赏到婉转曲折的山脚水面线，收到“水随山转，山因水活”的艺术效果。于是，所用之盆逐渐由深而浅，使山水盆景的魅力得到更好的展现。

大明寺内的山石盆景

扬州山水盆景常用的石种有英德石、太湖石、灵璧石、斧劈石、宣石、石笋石、龟纹石、砂积石、芦管石等。盆景艺人根据不同石种的特点（如形状、质地、纹理、色彩等），采取截锯、敲凿、雕刻等方法对石料进行加工，再通过拼配、组合、垒叠等手法，在盆中经营布局。山石布置就绪，再在山体合适位置栽种植物，营造出“山间垂藤萝，悬崖生古木”的境界。为了丰富意境，增添生活情趣，有时还在盆景中点缀亭、塔、舟、桥、茅屋、人物等小摆件（佛山产素烧陶件或铅制摆件），令人觉得景物真实、亲切，可居、可游。盆盎则多用浅型白石盆或釉陶盆。

上世纪六七十年代，扬州红园堪称盆景的摇篮。红园生产的山水盆景源源不断供应市场，走进千家万户。当时的冶春园（红园办公地点）和绿杨村（红园花木盆景生产园地），陈列着众多大、中型山水盆景，形式多样，意境各殊，令中外游客大饱眼福。1979年建国30周年，北京举办盆景艺术展览，扬州红园特地创作了两盆大型砂积石山水盆景送京展出，被大会安排陈设于展区显要位置。

进入上世纪八十年代，扬州山水盆景表现形式更加丰富，创作手法不拘一格。许多优秀的山水盆景作品给人们留下了深刻印象，如：1985年汪波创作的《春风又绿江南岸》，一反斧劈石竖向使用的常规，尝试横向使用，呈现出令人耳目一新的平远式山水风光。1989年曹世育创作的山水盆景《水光崖影》，选用古朴厚重、形状突兀的龟纹石，巧妙构思，精心布局，尽得危崖峭壁之神韵。2001年高礼良创作的山水盆景《巴山夜雨》，利用砂片石的险峻耸秀，点缀苍松翠柏，宛然巴山蜀水的特有风情。一件件个性鲜明的盆景佳作，频频在国内大型盆景展览中亮相，令国内同行刮目相看。

创作山水盆景，既要师法自然，又可借鉴画意。师法自然，可使作品“有自然之理，得自然之趣”。参照画意，可以帮助盆景创作者走捷径。扬州的盆景艺人遵循这样的创作理念，充分发挥自己的想象能力和创作技巧，使作品既贴近自然又充满画意。

盆景与书画有着不解之缘，扬州的山水盆景深受书画家的青睐。扬派盆景博物馆门前有两副楹联，一副为“以少胜多，瑶草琪花荣四季；即小观大，方丈蓬莱见一斑”（李圣和并书），其中下联即是咏山水盆景。另一副为“具体而微，居然峭壁悬崖平沙阔水；植根虽浅，何妨虬枝铁干密叶繁花”（魏之祯并书），其中上联对山水盆景作了精辟解读。诵读联句，不由感叹楹联作者对山水盆景研究之深。魏之祯与李圣和都是扬州已故著名书画家，他们胸有丘壑，腹有诗书，学养深厚。扬州山水盆景能得到书画名家的关爱，何能不提高品位！

（二）私家园林

扬州老街古巷深处，隐着藏着一座座小宅园，大的一二百平方米，较小的只有二十多平方米。它们有的以亭阁小桥流水为胜；有的以“曲廊回环，竹影婆娑”为胜；有的以嘉树名卉，时闻鸟语婉转一声为胜；有的以假山、曲池，点缀花木为胜……这些小园，造园风格不一，中西相融的，随性为之的，恪守古典山水园格局的，都有，园中景色亦丰啬、工拙、雅俗不一，但大体上可说各具特色，姿采纷呈。

在这百余座私家小园之中，大半都堆了假山、湖石。它们或大或小，或高或低，或立于池畔，或耸于墙边，有的叠得比较专业，峰起壑沉、崖悬壁峭、泉涧奔流、山水相映，有山的韵致；有的堆得比较随手，少些章法，只是垒块相加，峰峦不分，或是堆砌如架，上如妆台，等等，缺少山的意境。当然，私家园子，假山叠得是工是拙，是雅是俗，一般而言，主人满意就好。然而，如若讲求一点造园艺术，将园中假山叠得能看可赏，有品味一些，多点诗情画意，让小园也能以叠石胜，岂不更好？

祥庐

扬州园林，在江南园林中，是有别于苏州园林，有着自己明显特色的另一个样本，比如假山，就是扬州园林中风采独具的景色之一。《扬州画舫录》中说："扬州以名园胜，名园以垒石胜。"垒石，就是堆假山。至今，扬州老城区中的个园、何园、小盘谷等名园中的假山，都是蜚声海内外的经典作品，展示着扬州园林独特的艺术魅力。扬州人喜爱这些假山，耳濡目染，在有意无意之间，也影响着今天小园林中假山的构筑。这大概也是小园中出现许多假山的原因之一。

然而喜爱是一回事，要营造出好的假山，是另一回事。堆叠假山属于造园技艺，它要求做假成真，即要达到有真山的意境，这并非易事。清人李渔在《闲情偶记》中曾说叠石成山，"另是一种学问，别是一番智巧，不得以小技目之"。

1．扬州小园假山漫议

园之大小，从来都是相对而言的。北周庾信《小园赋》中的小园，面积"数亩"。郑板桥笔下扬州城北之李氏小园，竟有"十亩"之宽，历来江南多小园，而且小园中亦多名园。浙江天台来紫楼庭院，占地仅 55 平米。宁波的天一阁庭园，只有月台、天一池及池边半亭、湖石小山上一亭而已。苏州城里的残粒园，清末扬州某盐商所建，园子约 140 平米。俞樾的曲园，他自云与广袤数十亩的园子相比，只是"勺水耳，卷石耳"。环秀山庄是个小园，园中主景湖石山（戈裕良叠）可称江南园林中最好的湖石山了。扬州在乾隆以后，小园也建了不少，如小盘谷和二分明月楼，小盘谷中湖石假山之好，有人将它与环秀山庄媲美。民国时期，匏庐、怡庐、蔚圃等小园中的山水，都是余继之与王老七的作品。《扬州览胜录》中说，余继之"工绘事，胸有丘壑，善点缀园景，叠假山尤有奇致。世家大族，兴造园林，多延主人布置，颇名于时"。总而言之，不唯扬州，包括杭州、苏州在内的江南园林中，小园中名园不少，其中有些小园如环秀山庄、小盘谷还是以假山称著于世的。

2．扬州小园叠山十"宜"

计成、李渔等人都曾对叠石或小园叠石，作过一些论述，如今结合扬州小园叠石的实际，园林专家许少飞先生提出叠山十"宜"。

（1）小园叠山，宜石不宜土。以土堆山，坡缓面广，占地则多。若以土筑小型坡冈，外以石块围固，上植花木亦可。若以石叠，占地不广，亦可层叠而上，易成山势，但石叠之山，亦宜于适当处，预留种植池穴，填土植绿，不致形成童山。

（2）小园叠石，宜乎近墙，或作壁山。或偏于一隅，与亭及半亭等组合成景，位置最忌居中。

（3）小园叠石，可高可低，因地制宜，形成峭拔之势易，营造环抱绵延山意难，若将山趾与池岸驳叠基础结合，则可适当延长。

（4）小园叠石，假山宜与小池同筑，上山下池，山水相映。可藉池之深度，反衬山之高度；山腹可筑岫穴，以增幽深。

（5）小园叠石，山下小池岸线宜曲不宜直，直则平板，曲则生美，多自然之态。池面亦不宜小，不宜细如沟水。溪泉水口忌在山顶，忌大瀑水，水声哗哗，如入闹市，流水潺潺，则生幽趣。

（6）小园叠石，山体上宜叠出主峰次峰，高下俯仰呼应，不宜零零碎碎置放，见石而不见山。

（7）小园叠石，湖石、黄石、英德等等皆可，粗夯者宜作基础。上叠时，石块宜大小间用，选对石色石纹拼接。岸壁注意凹凸收放，不宜如砌墙壁平整相加，崖壁用石注意适当飘挑，形成动势。小山亦不宜多处飘挑，如妆台、空架。压峰之石，最为讲究，自然而有峰峦形态者最佳，若用湖石叠山，不宜处处选用瘦、透、漏者，如遇石上圆洞过多，大圆孔处宜作“破圆”处理，即于孔侧粘碎石即可。

（8）小园叠石，山上配置花木，不宜过于高大，树大反衬山小。亦不宜悬藤过多，山体为藤蔓所掩。山上土穴细草小花，点染摇曳成趣。鲜苔可使多生，绣于石上，古茂苍润，山体显得富有生机。

（9）小园如空间过小，不宜叠石，可选一米多高形态优美古朴石峰代替叠石。石之瘦秀者，宜配绿竹，石之古拙者，宜配老梅，亦可于竹间植二三笋石，掩映离立成景。片石生情在人创造。

（10）小园假山，石上忌放花盆。盆景一多，小山顿成花架。

3．扬州当代小园叠石范例——梅庐

梅庐院落约25平米，湖石小山踞于小院西墙之前。园门在东，徐徐推开园门，便见一幅山水迎人，且慢慢向两旁展开，即“面山如对画”也。

山高二米余，峰在南端，山腰藏有幽穴，有细泉沿岩壁下注山下小池，池中睡莲绿叶浮于清波，有鱼悠闲往来。山之南趾，用湖石数块，东延止于南轩北门之西，石后覆土，势若主山余脉，山之北

梅庐

部坡麓，止于北屋短墙之前。小院南北宽三米多，而山之坡麓曲折绵延，展幅长近七米，叠山者尽可能在较小空间内，增添山意。

山之北端，有湖石横叠之磴道起于池之北侧，沿阶而上，转南，随坡冈上升，在主峰之后，达于南轩上之平台。此类小山与磴道结合的山体，皆筑于楼阁室外，以磴道代替楼梯，又具有山的形态。《园冶》里称为“阁山”，苏州园林里称为“云梯”，拙政园、留园中有，扬州何园读书楼东侧，个园抱山楼西侧，从书楼北侧亦多用之。梅庐因南轩只两小间，若置梯道于轩内，轩内现作琴室，空间更小。今筑山与磴道于轩之东北，好处为二：一以磴道代梯道，上南轩平台，亦可增强山势；二、南轩外东北加筑一段墙体，既可增加景观层次，墙后梯道下，又增加一小空间（洗手间），除实用方便外，其向东墙体上，辟一梅花形小窗，与小院地面镶嵌一梅花形铺地相呼应，增加了小庐内景致。

至此，小庐湖石假山在西墙之前完成了第一期主体工程，山后西墙上的贴壁造型尚未完成。经过较长时期对贴壁石林的寻觅、选择、加工，一年后，梅庐湖石假山进行二度细致的增补和修饰。即以已完成的山体为前山的基础上，对山后西墙上的贴壁假山作艺术处理。

此次贴壁山景的增补，由于前山距西墙很近，增补贴壁石块后，还要留足沿磴道上下人行的空间，因此对贴壁的石材要求很高，一要厚度较薄，嵌贴后露出墙面的部分，最好不超过二十公分。二要有较好的峰形壑态。三要具有一定块面，不致零碎，增加嵌贴难度。四有湖石颜色要与前山湖石相近。

这次增补，全以山水画论为依据，因地制宜，在前山的基础上，以墙（粉墙）为纸，以石为绘。在增高和深远上下功夫。具体言之，已完成的前山，南高北低，下有深池，仿佛是一座大山的山麓部分。这次增补施工的重点，仍在南端，即在列山山峰之后墙壁上，贴数块上端多具峰峦形态，块面上有孔有穴的湖石。有峰峦形态才有嶙峋奇峭之美，石块上洞穴有深浅，可增幽深之感，按照选好的湖石块面，预作纸板，反复粘上墙壁，选择最佳嵌壁位置，然后才嵌贴湖石，如是依着山势，连续上叠（贴）数块，高出前山主峰一米多，才完成。沿着磴道上南轩平台，一如走向深山。前山北端山后墙上贴壁峰峦的处理，若不经意，但最讲究。原先前山南高北低，峰壑尽在南边，感觉上显得南头重北头轻。为了让北头压得住，与南端平衡，在北端磴道起处至北屋短墙之前，竖叠了数块大的湖石，势若高冈，这是一年前已完成的。这次于山之北端后墙上大片空白处补贴湖石，讲究之一，是要选好一组（两块）横形具有远山山峰形态的湖石（正好与前山北端数块竖叠湖石相应）。讲究之二是找好它们嵌贴在墙上的位置，反复试放之后终于形成远处白云之上重重叠叠的远山山峰。

宋人郭熙、郭思父子在《林泉高致》中提出山水画中“山有三远：自山下而仰山巅谓之高远；自山前而窥山后，谓之深远；自近山而望远山，谓之平远”。这“三远”在山水画家笔下，并不难致。而在有限的空间里，以叠石立体地表现它们，难度很大。即使数亩或数十亩之园中叠山，讲求“三远”，也有不少限制。梅庐小院中的假山，做了一些有益也有效的尝试，即因地制宜，精心规划布局，将前山实做，贴壁“虚”做，前实后虚，在小空间里，堆叠出峰峦奇峭，洞壑深藏，流泉不歇，磴道宛转，远山苍茫，山意浓郁而悠远的一座假山。山岩石隙细草幽花点缀，山侧适当地配置梅、竹、芭蕉，西墙上端悬垂而下二三枝凌霄，青藤黄花，更为小园中的山水增添了无限情韵。

小园湖石假山，用湖石十余吨，施工前期四天，一年后增补、修饰两天。

叠石者：方惠。

四、扬州地产观赏石——雨花石

（一）扬州观赏石的历史和现状

在扬州，赏石种类除大型的园林赏石以外，主要就是小件的观赏石（雨花石、大理石）品赏了。汪氏小苑东纵首进取名“春晖室”，室内大理石木槅扇落地屏风，镶嵌了六幅当年从云南购回的大理石山水画：有的如苍茫云海，层层叠叠；有的如双龙游潭，生动有趣；有的如悬崖峭壁，陡如刀削；有的如奇花异草，芳香扑鼻。在这大自然美景前，所见者尽可以发挥自己的想象，据说，这些山水画描绘的是庐山的自然风光。

大理石落地屏风、大理石插屏摆件、大理石椅背……在扬州的盐商住宅中，常常可以看见这种经过精心选择和艺术处理的观赏石。

扬州收藏、欣赏观赏石的历史悠久，也是雨花石的原产地之一。《尚书·禹贡》中有记载：“扬州贡瑶琨。”这里提到的“瑶琨”就涵盖了雨花石。高邮龙虬庄新石器时代遗址中考古发现的3枚自然砾石基本认定为雨花石，它们与南京北阴阳营发掘的六千年前的76颗“花石子”，共同构成中国赏石文化乃至世界赏石文化起源的实证资料。

雨花石从孕育到形成，经历了原生形成、次生搬运和沉积砾石层这三个长达几亿年复杂而漫长的阶段，可谓是历尽沧桑方显风流。

雨花石主要出产在南京六合和扬州仪征。它的质地有玛瑙、玉髓、水晶、蛋白、化石、砾石等。它以天然、天工、天趣取胜，尽得天意之精华。雨花石以晶莹玉润的质地美、绚丽璀璨的色彩美、钟灵毓秀的形态美、变幻莫测的纹理美、诗情画意的呈像美以及神韵天成的意境美，奠定了其在赏石文化中独特的地位和价值，被誉为“天赐国宝”“石中皇后”，让一代代人痴迷不已。随着雨花石藏品不断丰富，人们的欣赏水平不断提高，雨花石已逐渐成为书法、绘画、音乐、摄影、诗词和工艺美术创作的源泉。

小品石组合近十多年来在观赏石界异军突起，是一种集寻觅、收藏、创作、欣赏于一体的赏石行为和活动，是当代赏石的发展和延伸，它拓宽了赏石理念，促进了赏石文化的繁荣。一个优秀的小品石组合，就是一个故事、一道风景；一幅立体的画、一首无言的诗。

扬派小品石组合追求的是古朴自然、精致典雅、兼容并蓄。这和有悠久历史的扬派盆景和扬派叠石有着异曲同工的精彩和美妙。

现代的扬州人对赏石、把玩雨花石有着先天的眷恋。扬州的赏石队伍从上世纪八十年代开始，由松散的赏石个体，逐渐形成至今有200多人的赏石群体，其中雨花石爱好者近百人。从组团去仪征石农家淘石到拜访南京、六合的雨花石收藏家；从个人出版雨花石图册到个人举办雨花石展；从东关古渡旁雨花石沙龙的专题赏石到大运河畔南京、扬州、泰州三地石友的联谊、交流活动；从古玩市场和东关街里的雨花石店铺到个人家庭设立的雨花石研究所，扬州人赏玩雨花石的热情有增无减，形式百花齐放。十多年前每逢双休日，在天宁寺、红园花鸟市场里，石友和来自仪征、六合、南京的石商们火爆的交易场面至今历历在目。

近年来扬州通过举办展览会、座谈会、向新闻媒体推介、积极参加各地大型石展等形式，宣传了雨花石传承有序的历史，展示了雨花石美妙无比的魅力，扩大了爱好者的队伍，培养了观赏石的市场，取得了很好的成绩。

2016 年 10 月将在扬州茱萸湾举办的全国第十二届赏石展，无疑是给扬州石友和爱好者提供了非常好的学习机会，也给雨花石提供了一个极好的展示和交流的平台。祝全国第十二届赏石展圆满成功!

（二）上山觅石趣事

邂逅美人石

那是一个夏日的午后，暴雨刚过，天空出现了少见的彩虹，我和友人在仪征的铜山上寻找奇石，忽然，在那不起眼乱石堆里我发现了你，你静静地躺着那里，一束阳光照下来，偏偏就照在你那娇媚的身上，如惊鸿一瞥。你那墨色倩影惊得我语无伦次，瞬间，我和石友的手同时抓住了你，谁也不放，就这样坚持着……这时，石友戴君用激动渴求的眼光看着我，示意我放手，我不舍地慢慢松开手，直至他傻傻地捧着你。曾经的时光，从我的脑海里闪过，苦苦追寻，追寻的那个遥远梦境。

写下多少前世今因的缘分，就像一份亘古不枯的情怀，珍藏在我的记忆深处。为一个千年的承诺，你不惜在风雨中站成永远，为了那一段情缘，静静在此等待。邂逅了千年，荒凉在岁月里，沧桑在年

孟丽君脱靴

华里，等到阑珊回眸，等到沧海桑田，天涯可见，海角可念……

我感动着，幸福着，仿佛我已感觉到了那美人石上千年的余温，还有那湿漉漉的唇印。在阳光下，你将你的妩媚和那定情之吻，用浓墨印在那雨花石上。我来了你听：一声声由远而近足音，正在唤醒你的灵魂。那足音浅浅深深，隐隐约约，那是你千年等待的回想，是你期盼一生的临近！虽然没能拥有，在我心里我一直都没有离去！我等着，你等着……

（萧　楠）

我的第一枚雨花石

记得我还是孩子的时候就莫名地喜欢小石头，看到路上有黄沙堆，就会上去捡石头。上小学时爱玩弹弓，口袋里常常装着小石子。参加工作以后，对雨花石略知一二，但心仪已久。

1999 年的秋天，因工作关系来到仪征月塘乡，听说附近砂矿出雨花石，就兴致勃勃地赶去了。只见砂矿一侧有手扶拖拉机不断地把从黄沙里筛出来

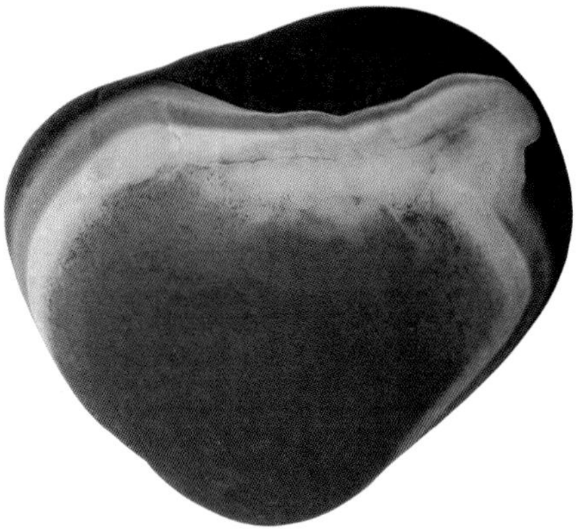

爱心

的鹅卵石倾倒在土坡上。土坡上有十几个当地的妇女，头戴草帽，脚穿胶鞋，手戴胶皮手套，弓着腰，不停地翻动石头，不时地把选中的石头放在携带的桶或竹篮里，偶尔还把选中的石头放在口袋里。经了解，放在桶或竹篮里的是黑色、红色或白色的粗石，放在口袋里的是玛瑙质地的活石（当地人把玛瑙质地的雨花石叫做细石或活石）。于是我就十分有兴趣地上前问了一位正在挑石头的大妈："有活石吗？"大妈一边从口袋掏石头，一边失望地说："今天运气差，就挑到这一个活石。"我拿来一看，石头上裹着一层黄色的泥沙，但可以看到露出的一些红色。我问："多少钱？"大妈回答："两块钱。"成交后我迫不及待地跑到水塘边洗石头，结果大喜过望，一枚圆润、几乎通体鲜红的雨花石呈现在眼前，这对初识雨花石的我而言，兴奋之情正如这鲜红的雨花石。

中午在附近一家小饭店吃饭前，我把这枚雨花石放在盛水的碗里，端给饭店老板看，问他这石头像什么？他不假思索地讲："这是一颗爱心。"我听了以后，暗自佩服他读石的水平。傍晚到家后，看到上小学一年级的儿子和隔壁的女同学正在做作业，我就取出石头，问他们能看到什么？谁知那小姑娘脱口而出："是爱心。"这一大一小两个人不谋而合的看法，更增加了我对雨花石的浓厚兴趣。

好一个"爱心"，正是这枚首次得到的雨花石，让我对神奇而美妙的雨花石有了痴迷不悟的爱慕之心。（江　鸣）

我的雨花情缘

千禧年，受中国观赏石协会刘水老师"点化"，我与雨花石结缘，成了好石之徒。为了得到"一手"的好石，我经常忙里偷闲去产地的石农家里收购雨花石，我穿上雨鞋，带着干粮和水，在六合、仪征等地乡间走村串户，每天步行十几公里。石农见我只要"颗子石"，不收丝纹石，起初将精品深藏不露，只让我在"大路货"里挑，故收获甚少。"风雨平常事，饥寒无所谓。此生不好酒，却在石中醉"，就是当时的切身体会。后来我将自己调配的中草药样品带下乡，免费为石农治病。被感动的石农视我为友，从此不仅能买到出彩的观赏石，食宿问题也迎刃而解。我收藏的七百多克的金丝大玛瑙"友谊之花"就是六合施姓石农所赠。

"今生无子石如子，石市缺钱充有钱。百碗雨花常宴客，半痴半醉作顽仙。"每逢周末是石市淘宝和结交石友的好时机，有时为了得到心爱的精品

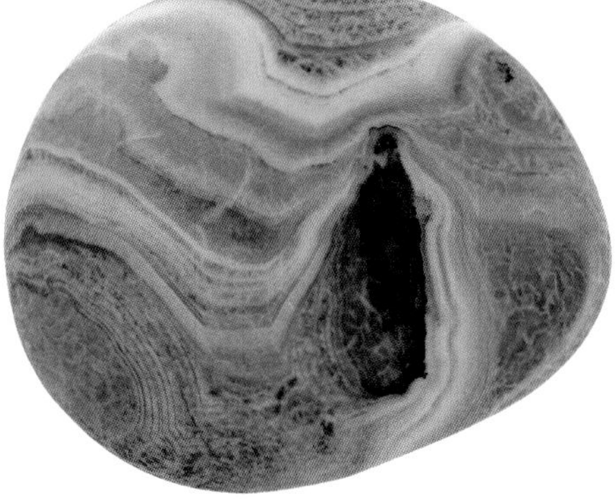

吴王夫差

石也只能不惜重金从藏石家手中夺爱。

“得石似得子，爱石如爱妻。水中细研读，取名费心机。搜肠又刮腹，再配几行诗。聊醉奇石里，快乐余自知。”每得心仪之石，总要题名、赋诗，许多石诗石照还频现报纸、电视机和网络终端。我还先后为自己的藏品及《石萃》《雨花石》《锦石娟玉》《石说扬州》等书刊配诗共三百多首，在修身养性、益志怡情的同时，为弘扬雨花石文化贡献了自己的绵薄之力。（朱　旗）

天地间的精灵

从一位名叫云光和尚一如既往开坛讲经的那一天起雨花石就闻名于世了。

雨花石是由天上的雨、人间的花、地上的石，天地人三者的灵气凝聚而成的精灵。雨花石产自南京、扬州一带，而扬州则集中在仪征的青山、铜山、月塘等地的砂矿中，因其晶莹剔透、绚丽夺目、灿烂迷人而被誉为“石中皇后”。雨花石的种类有玛瑙、蛋白、水晶、玉髓、松香玛瑙、油泥、化石、石英、粗石等等，有画面石、象形石和怪石等等，有水石和供石之分。

从小就喜欢雨花石，那时好像随处可见，砂矿里的黄砂是建筑必不可少的材料，砂里美丽的卵石就是我们可爱的雨花石。真正迷上雨花石是前些年的事，除了在市场购买雨花石以外，开车上山拣石头是每个周末的必修课，胶鞋、水桶、胶手套、草帽、雨伞是必备装备，而下雨天则是拣石的最好时机。几乎每个砂矿中都能遇到南京、扬州、仪征、高邮等地的石友，大家换好鞋带好装备选好地方就直奔矿山，那里有我们美好的期待和渴望。

现在仪征的砂矿都停止开采了，新鲜的石头也

豆蔻年华

没有了，上山就很少了。很怀念上山寻石的日子，浑身汗和泥却乐此不疲，将拣到的美石放入水中仔细翻看、拍照、取名、发朋友圈，与石友分享，那种快乐是无法用言语表达的，这一刻你才会领悟到“天赐国宝、中华一绝”的美誉，雨花石是当之无愧的。

拣完石头将近中午，意犹未尽，驱车至相熟的石农家，再仔细翻看、寻找满意的石头，然后就在青山绿水旁的石农家，一边攥着美石，一边与三五石友吃着石农家自己种植的新鲜菜蔬，好酒饮之，好歌唱之；间或探讨交流刚得到的美石，现在回想，羡煞神仙啊！

好好珍惜手中的雨花石吧，她是天地间的精灵，在告诉我们天工造物的故事。百年之后，也许会有人对你的雨花石仔细观赏并加以收藏，用心灵聆听那灵魂的跃动，我觉得那是你在历史长河中留下的最好印记！（戴　平）

（三）名人与扬州赏石

苏轼　宋代大文学家苏轼也钟情于石，他仕途坎坷，颠沛流离，所到之处广泛收集奇石，得意失意，奇石总成知己，还写了许多咏石诗文。一次，

他在扬州获得两块奇石，一块为绿色，一块为玉白，石上山峦迤逦，有云穿于山脊，他十分珍爱，就借杜甫“万古仇池穴，潜通小有天”诗句命名为“仇池石”。他将这双石置于案头，每日都要玩赏一番。苏轼的这块仇池石，后来被好友、当朝驸马王诜看中，借走不还，苏轼不让步，便提出王诜以大画家韩幹所画二马交换，为了这件事，当朝几位名人都卷了进去。

苏轼赏石、玩石的胸襟与其性情一样阔达磊落，举凡山水景石、抽象石、纹理石、彩石等等，都是随兴所至，无甚拘束，以为“园无石不秀，斋无石不雅”，并首创以水盂供养、观赏纹理石，苏轼的著名收藏雪浪石就是纹理石的典型代表：黑石白脉，犹如孙知微所绘的水涧奔涌图，深得东坡居士喜爱，索性将书房也改题为“雪浪斋”。苏轼多次提出以盘供石而不可将山水景石随意放置，此外还有“石文而丑”的论点。

苏轼写有两篇《怪石供》，引发了后世不竭的的雨花石收藏鉴赏热潮，雨花石开始成为了文人士大夫鉴赏把玩的对象。苏轼对所集之石从质、色、形、象以及陈列、鉴赏进行了极为细致生动的描述，对当今雨花石赏玩、研究仍有重要的借鉴作用。后人称东坡先生为赏玩雨花石之鼻祖，无怪乎明人冯梦祯在赏品雨花石时也发出“恨不能起长公于九泉，与之品石耳”的感言。

郝经　元初名儒郝经，出使南宋时，曾被扣留真州（今仪征市）达15年之久。喜欢上雨花石之后，写出了《江石子记》。此记是一篇详实记叙雨花石的专著，后人所概括的质、色、形、纹在此已初见端倪。

曹寅　曹雪芹的祖父曹寅也是一名雨花石爱好者，在他的《江阁晓起对金山》中，有这样的诗句：“从谁绚写惊人句，聚石盘盂亦改颜”，反映了曹寅在扬期间的赏石活动。

阮元　三朝阁老阮元，仪征人。曾留4枚雨花石在镇江焦山寺焦公祠仰止轩中。在《道光重修仪征县志》中有几处记载着阮元在仪征赏石的情形。

计成　计成在扬州完成《园冶》一书，书中谈及十大门类，其中有掇山、选石类。他的选石标准是玲珑古拙。玲珑可单点、作清供；古拙宜供叠山从置。又指出，大型假山可学黄子久笔法，小型假山可依倪云林山水画稿本。为了增加石玩清供的艺术效果，特意指出，置石地点要适当，清供玩石要配几架等。

高凤翰　清代“扬州八怪”之一高凤翰善画山水，兼工篆刻。有砚癖，藏砚千余方，多为自做自铭，著有《砚史》等书。又搜集观赏石多枚，均冠以雅名并作诗题咏，如石兔、石瓜、石仲父、佛手石禅、小鹤台、卧虬蜕、虫蛀石、山高月小、汲翠等。

郑燮　清代“扬州八怪”之一郑板桥以丑石自喻，他爱画石，所画之石无一块不是丑石，他在画题中说：“板桥此石，丑石也，丑而雄，丑而秀。”以石喻自己的风骨和美好。他在丑石中发现了特有的深含之美。他不但藏石、画石，且论石，他完善了宋人的赏石观，进而阐明：石丑，当“丑巇雄、丑巇秀”方臻佳品，“丑字则石之拮态万状皆从此出”。由此看来，米元章的四字奇石观，是很好的概括，苏东坡的“丑石观”进一步丰富了这一赏石理论，而郑板桥对苏东坡观点的肯定和诠释，则使之更加明确和深刻。

五、扬派小品和组合石

人类对于石的感情远久而又亲近，古人云“山无石不奇，水无石不清，园无石不秀，室无石不雅”。石头始终随着人类从蛮荒时代逐步走向现代文明，直至久远的未来。在我国数千年的赏石历史上一直都是大石头当道，一般多用作园林或厅堂赏石，属于最小的案头清供石也有尺余重数斤，时至今日赏石文化的发展，人数日众，优秀的大石资源逐渐枯竭，小石头逐步走向舞台。

说起小石头，不得不说戈壁石，因其奇特多变的造型、坚硬的质地、光滑的皮壳、不可思议的俏色，得到广大石友认同，并激发了许多灵感和创意，而创意则给这些小石头们赋予了生命。近年来组合石在赏石界异军突起，以新颖的构思、独特的视角、有趣的造型赢得了人们的喜爱，目前小品组合风靡全国，为赏石界增添了最浓的一笔。

小品组合石是由两块以上天然的石头（大部分素材取自戈壁石，单个一般长度不超过 15 公分）组合而成的艺术意境，产生一加一大于二的扩大效应，是当前赏石文化多元化的发展和提升，是一种集寻觅、收藏、创作、欣赏于一体的赏石行为和活动。小品组合石就是人为创造的一种体现，在所有的石展中，参展者只能标注收藏者，而不能标注作者，否则让人贻笑大方，因为，这件展品再美妙，它也是大自然的作品，你只是拥有者、收藏者，绝不是创作者，但小品组合的创作者却可以称为作者，这是因为要从一堆石头中挑选有用的小件，再把这些小件组合起来，需要创作者巧妙构思、合理搭配、精心制作，从某种意义上来说，观赏奇石是一种收藏，而制作小品组合则是艺术的再创造，每个人的生活经历、文化程度、艺术修养不同，创造结果也就千差万别，它对艺术素质要求更高，更能体现创作者的思想情趣和艺术素质，因此组合小品石是一种创作难度大、视觉效果好、文化内涵深的赏石玩石形式，一组好的作品就是一段动人的故事，一幅立体的画，一首无言的诗。

组合小品除了要有作者的艺术修养以外，还要有丰富的想象力，但也不能胡思乱想，作品得不到大家的认可。另外，组合小品要“动静相衬”，使作品显得生动而有气势。对景物的安排要“疏密得当”，“疏可走马，密不透风”。需要配底座的作品，底座切忌喧宾夺主，杂乱无章，要符合作品的整体意境。再有，组合作品中选材、大小、比例恰当，要符合自然情理，使作品“小中见大、虚中有实”。扬派小品组合石推崇组合的简练、含蓄、古朴、素雅，将大自然、历史典故、现实生活场景等等浓缩到作品中，在狭小的空间里释放出艺术的火花，达到赏心悦目，给人以无限的想象。

不同地区的小品组合有着各自的地方风格：以银川为代表的西北地区偏于宏大的豪放美；以柳州为代表的南方地区偏于优雅的古典美；以上海为代表的沿海地区偏于海纳百川的现代美；而扬派小品石组合的风格追求的是一种兼收并蓄。

有着建城 2500 年历史的扬州，自古就与中国文化紧密相连，扬派小品组合石追求的是古朴自然、精致典雅、兼容并蓄，这与有悠久历史的扬州园林和扬派盆景有着异曲同工的美妙，与扬州城的精致典雅不谋而合，与中国传统文化有机地结合在一起。近年来扬州石友的小品组合作品在全国石展上多次摘金夺银，极大地推动了扬州赏石文化的发展。其中代表性人物有李小军、江鸣和戴平等等，他们创造出了一大批有着扬州特色的经典作品，比如："扬州八怪"之一的郑板桥一生爱石、咏石、画石，常在题画中阐扬奇石美景，写有"一竹一兰一石，有节有香有骨"之句，反映了他的赏石思想与情操，戴平作品"板桥遗韵"和"扬州八怪"应运而生。2016年5月扬州个园第四届竹文化系列活动中"板桥遗韵"小品组合石精品展在个园抱山楼成功展出。比如与中国文化息息相关的作品有：李小军的"刘海戏金蟾"、江鸣的"风雪夜归人"、戴平的"夜读春秋"等。一批极具禅意的好作品有：李小军的"高僧有话说"、戴平的"山隐"和"禅茶一味"等；还有别具特色的食品组合：如江鸣的"扬州名点"和"午后甜点"、戴平的"扬州茶食"；再有扬州地产雨花石组合优秀作品有：黄振宇的"三个和尚"、高孝明的"夜读"、江鸣的"桃李不言"。近年来，在他们的带动下，扬州其他石友也创作出了不少优秀作品。比如：贺银辉的"雪景图""牧牛图"；董明的"伯乐相马"；季维的"邀月"；颜晓耘的"爱鹅图"等等。他们经常组织扬州石友参加全国石展比赛，组织精品作品展览和进行创作交流，在扬州双博馆、个园、扬州民间收藏展览馆等举办精品石展，积极宣传扬州赏石，极大地推动了扬州赏石文化的发展。

"一石一世界，一景一大千"，从本书中一组组精绝的小品组合作品中如果你能感受到中国文化的博大精深，能品味出蕴藏其中的人生哲理，那么此书的出版就是有意义的。

（明）陈洪绶《玉堂柱石图》

奇石之美，"仁者见仁，智者见智"，收藏创作的过程也是提高个人修养的过程，赏玩奇石是一种快乐的休闲文化，男女老少皆宜，有益于身心健康，并带来丰富的生活乐趣和精神享受，随着人们的物质生活水平的不断提高，对精神文化生活的需求也在逐步增长。2016年中国观赏石协会小品石·筋脉石专业委员会的成立必将带动小品组合石向着更高更远的空间有机"组合"。

六、扬州赏石荣誉榜

一、小品和组合石

1. 夜读春秋　2015年中国收藏家主办的“石道杯全国首届戈壁玛瑙精品奇石博览会”金奖。

2. 敢问路在何方　2015年中国收藏家主办的“石道杯全国首届戈壁玛瑙精品奇石博览会”铜奖。

3. 禅茶一味　2015年中国收藏家主办的“石道杯全国首届戈壁玛瑙精品奇石博览会”铜奖。

4. 扬州八怪　2015年第6届上海得云轩小品暨组合石邀请展优秀奖。

5. 风雪夜归人　2015年第7届上海得云轩小品暨组合石邀请展银奖。

6. 扬州名点　2015年第7届上海得云轩小品暨组合石邀请展优秀奖。

7. 高僧有话说　2015年第7届上海得云轩小品暨组合石邀请展最佳创意奖。

8. 大圣归来　2015年第7届上海得云轩小品暨组合石邀请展优秀奖。

9. 老兵　2015年第7届上海得云轩小品暨组合石邀请展优秀奖。

10. 山隐　2015年第7届上海得云轩小品暨组合石邀请展优秀奖。

11. 牧牛图　第7届上海“万春园杯全国观赏石小品创意精品展”银奖。

12. 观棋不语　2016年南上海首届观赏石博览会暨全国奇石精品展银奖。

13. 扬州名点　2016年南上海首届观赏石博览会暨全国奇石精品展最佳组合奖。

14. 午后甜点　2016年南上海首届观赏石博览会暨全国奇石精品展最佳组合奖。

15. 山隐　2016中国石家庄第13届观赏石博览会银奖。

16. 军魂　2016中国石家庄第13届观赏石博览会银奖。

17. 奋进　2016中国石家庄第13届观赏石博览会银奖。

18. 花狐　2016中国石家庄第13届观赏石博览会铜奖。

19. 牧羊汉子　2016中国石家庄第13届观赏石博览会铜奖。

二、雨花石

1. 石猴惊世　2004年第6届中国赏石展览会银奖。

2. 秋韵　2004年第6届中国赏石展览会银奖。

3. 群峰夕照　2004年第6届中国赏石展览会铜奖。

4. 子鼠　2008年北京迎奥运精品石评选活动中被评为奥运之星。

5. 悟　2012年仪征第7届雨花石展览会金奖。

6. 灵猴　2014年仪征第9届雨花石展览会金奖。

7. 江山多娇　2015年被评为南京雨花石名石。

8. 白蛇　2015年被评为南京雨花石名石。

9. 俏夕阳　2015年被评为南京雨花石名石。

10. 石猴惊世　2016年南京十大神猴之一称号。

11. 火眼金睛　2016年南京十大神猴之一称号。

12. 山花烂漫　2016中国石家庄第13届观赏石博览会金奖。

13. 秋韵　2016中国石家庄第13届观赏石博览会铜奖。

第二篇 扬派小品和组合石

（明）陈洪绶《蕉林酌酒图》

夜读春秋

闲书雅座，常思孔孟。
朝舞偃月，夜读春秋。

悟石

戈壁石（人物高12cm）
戴平收藏

十八相送

戈壁石（石板长35cm）

李小军 收藏

风雪夜归人

一树一人一板，简约而不简单。
取舍之间，彰显智慧。

戈壁石（石板长40cm）
江 鸣 收藏

三个和尚

一个和尚有水喝，两个和尚挑水喝，

三个和尚没水喝。

雨花石（石板长 26cm）

七　碗 收藏

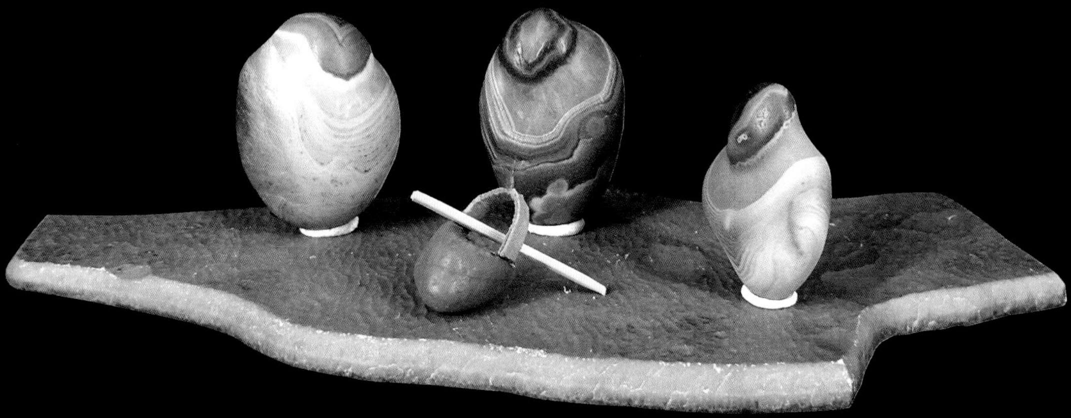

吕布与貂蝉

自古英雄难过美人关。

戈壁石（左人物 12cm）

李小军 收藏

刘海戏金蟾

人物俏色，金蟾逼真，不可多得之佳品。

戈壁石（人物高 8.5cm）

李小军 收藏

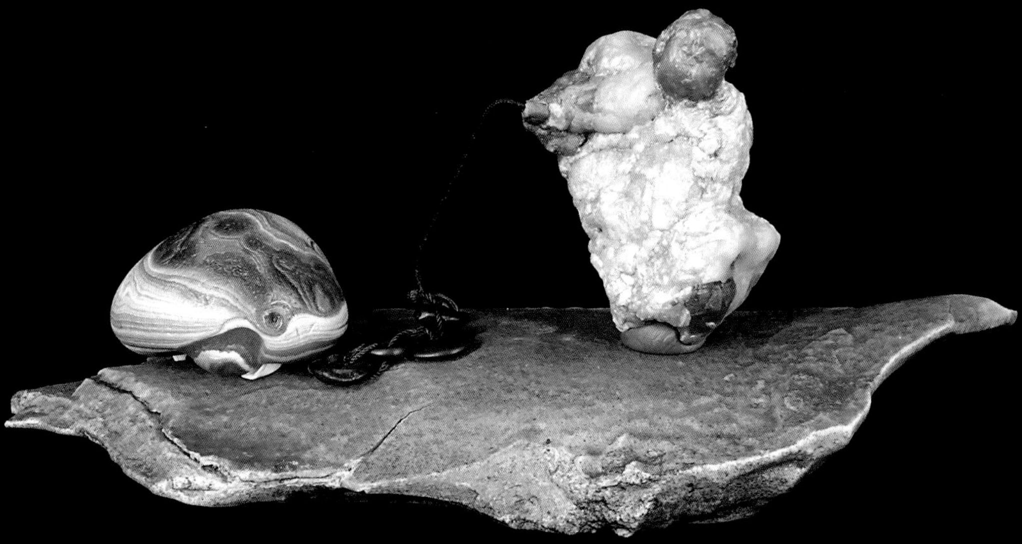

和平颂

戈壁石（和平鸽长 8cm）

李小军 收藏

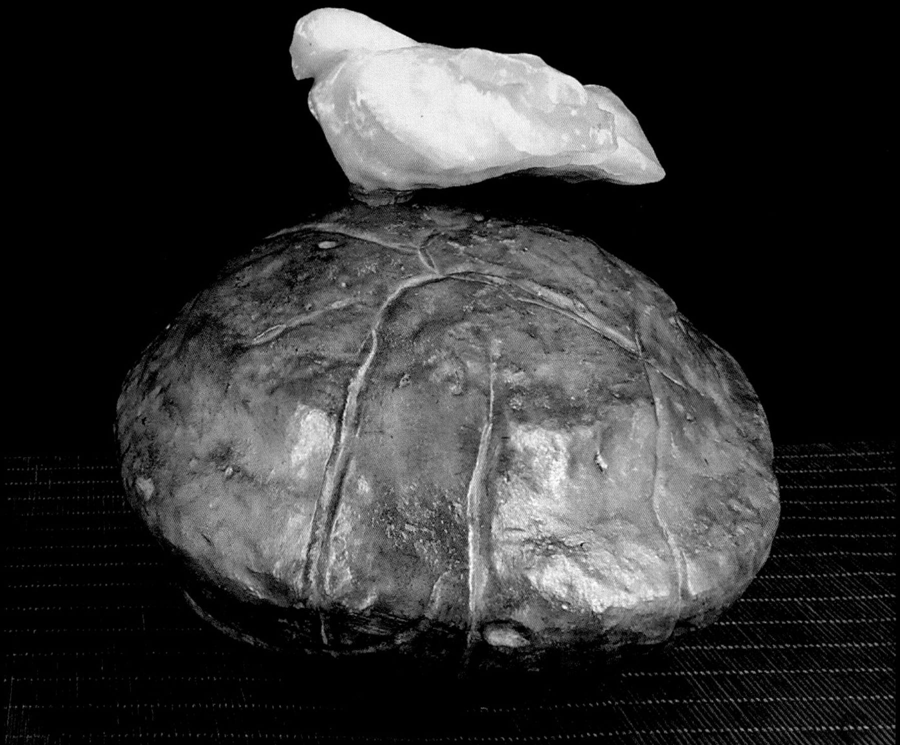

天蓬元帅

吾本天蓬帅，俗称猪八戒。
西游添笑谈，憨态人人爱。

戈壁石（石板长45cm）
贺银丽 收藏

神仙洞府

偶然身影现，疑似吕纯阳。
雾里奇峰隐，悬崖仙洞藏。

戈壁石（石长31cm）

贺银辉 收藏

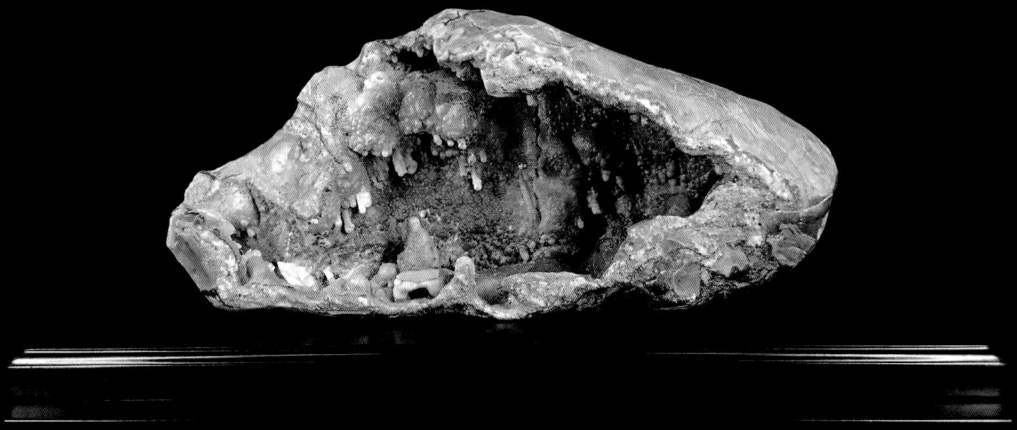

千里江陵

千里江陵一日还，轻舟已过万重山。

戈壁石（石长 38cm）

李小军 收藏

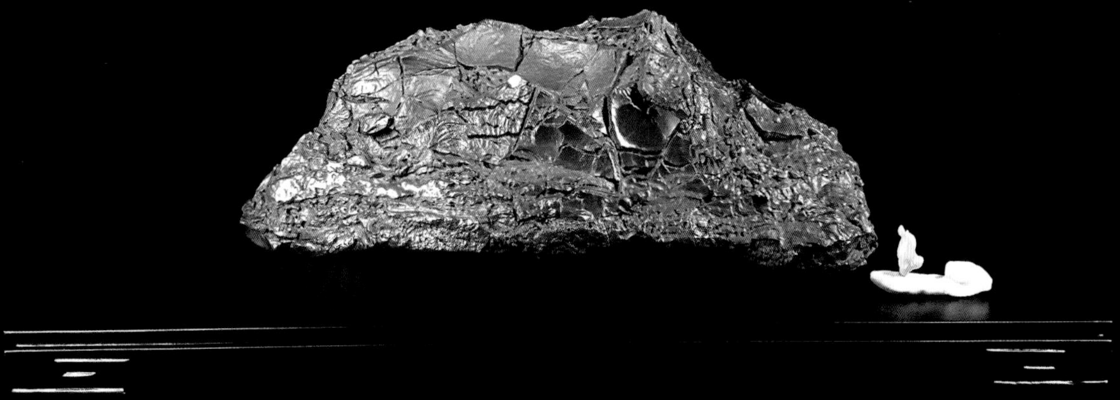

观棋不语

观棋不语真君子，落子无悔大丈夫。

莲花石（石板长50cm）

贺银丽 收藏

影视演员陈强

戈壁石（人物高 11.5cm）

戴天天 收藏

林间习定

苍松老僧入禅眠，
缕缕云烟上九天。

戈壁石（人物高6cm）
戴平收藏

暮归

暮从碧山下，山月随人归。

戈壁石（石板长 29 cm）

李小军 收藏

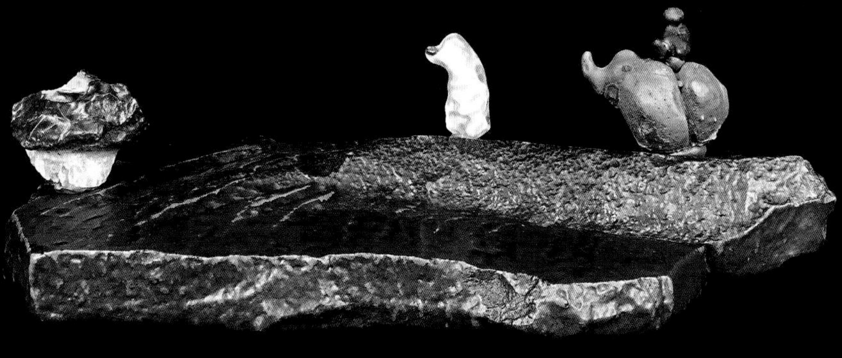

女王

每个女人都是自己独一无二的女王。

风凌石（人物高10cm）

戴天天 收藏

石像

生来无父母，天地间自成。
刚强内自发，棱角不同污。

戈壁石（人物8cm）
朱 沐 收藏

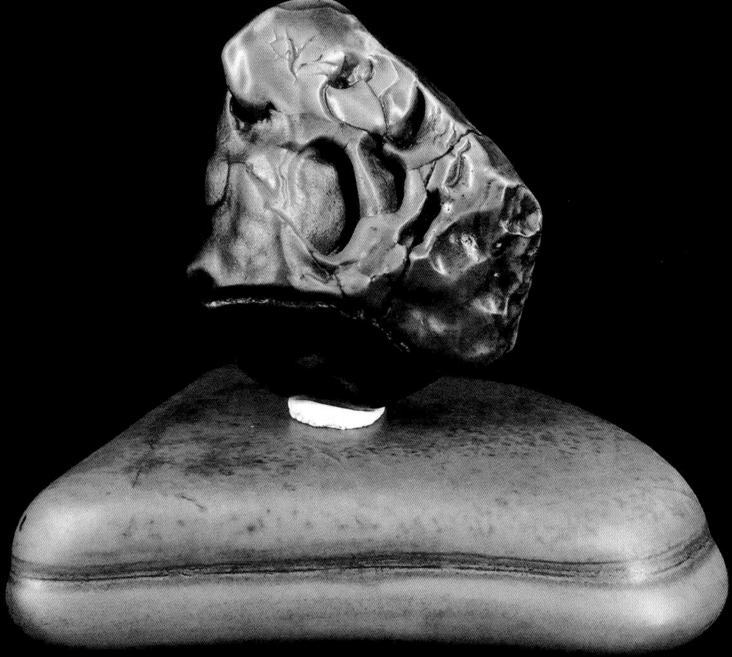

相马图

世有伯乐，然后有千里马。
千里马常有，而伯乐不常有。

戈壁石（石板长45cm）
李小军 收藏

孟丽君脱靴

千年藏靴待君见，再生缘后梦一场。
素裙难遮美娇娘，砾石层中遇石郎。

戈壁石 雨花石（右石11cm）

戴 平 收藏

戴平 收藏

（石板长 57 cm）

取尽余杯。

始为君开。

小脚春秋

戈壁石（石板长21cm）

李小军 收藏

寒江独钓

一人独钓一江秋。

戈壁石（板长50cm）

贺银丽 收藏

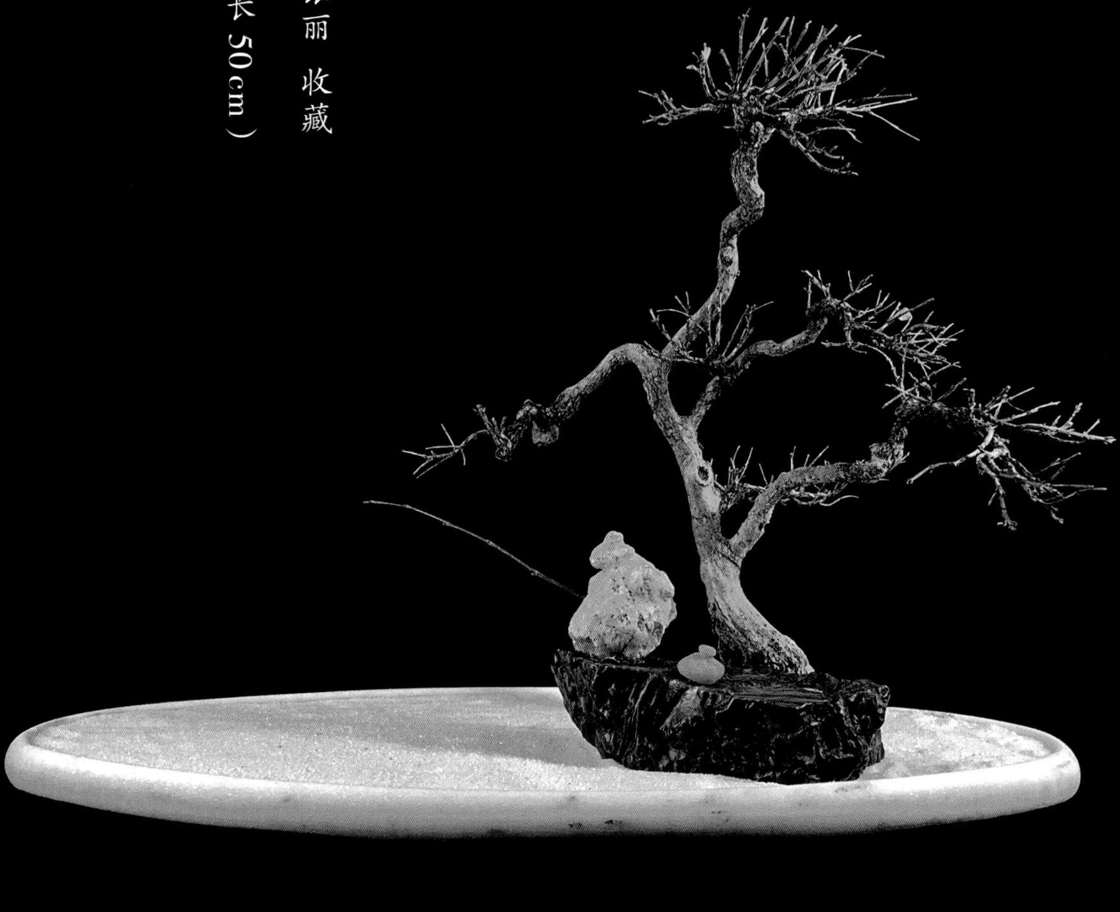

少林武僧

拜师学艺，学无止境。

莲花石（石板长 52 cm）

戴平 收藏

和美之家

琴瑟和谐。

戈壁石（石板长30cm）

李小军 收藏

扬州八怪

戈壁石（石板长 39 cm）

戴 平 收藏

神猴

石中神猴，呼之欲出。

雨花石（石高32cm）

李小军 收藏

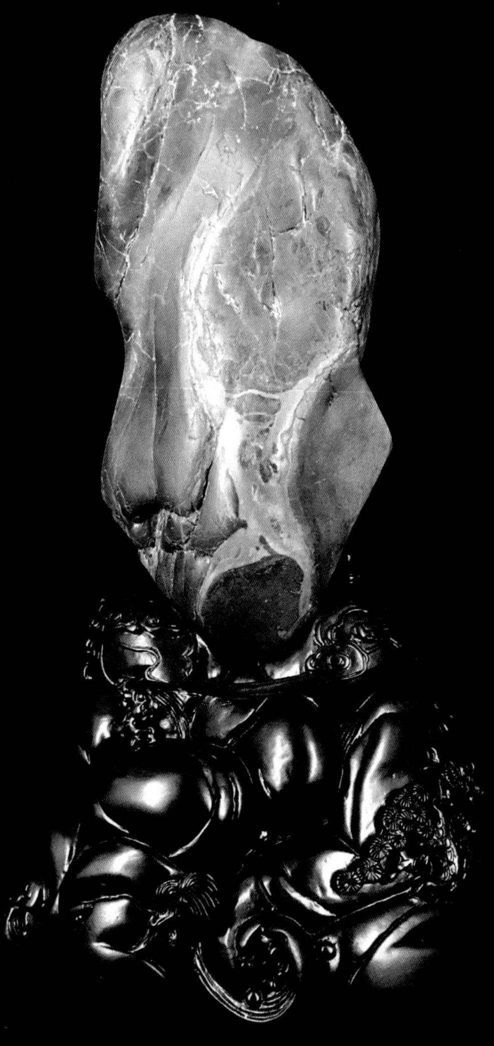

拜石

不拜官爵求富贵，万参灵石著文章。

戈壁石（石板长23cm）

李小军 收藏

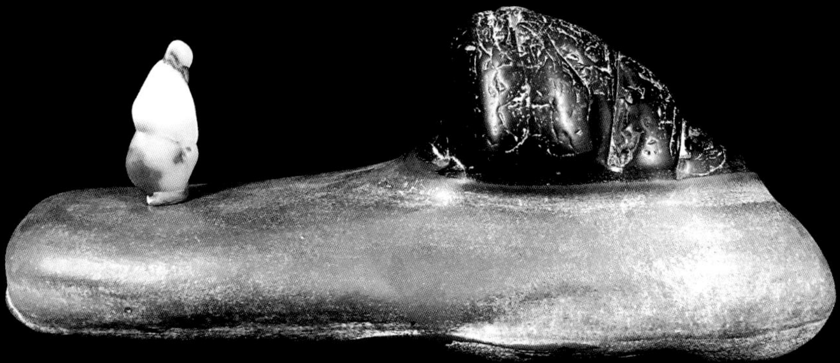

读书破万卷

读书破万卷，下笔如有神。

戈壁石（人物高12cm）

戴平 收藏

海盗船

生动地再现了海盗工作时的场景。

戈壁石（木化石长39cm）

李小军　收藏

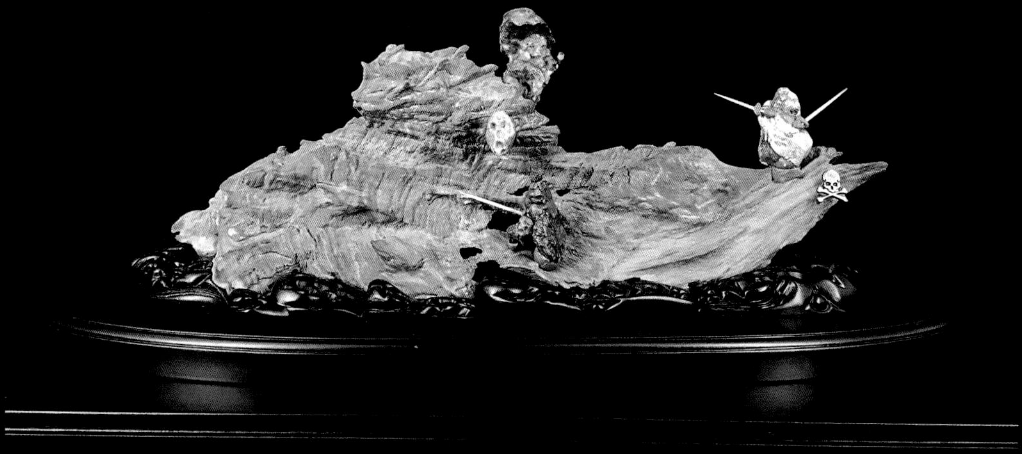

牧羊汉子

戈壁石（底板长45cm）

李小军 收藏

片石

黝黑如漆，呈斧削状，奇石也。

英石（石高38cm）

张维刚 收藏

玲珑

此石为戈壁沙漠漆，有太湖石的韵味，难得！

戈壁石（石高29cm）

戴天天 收藏

百年修得同船渡

百年修得同船渡，千年修得共枕眠。

戈壁石（石板长 27cm）

李小军　收藏

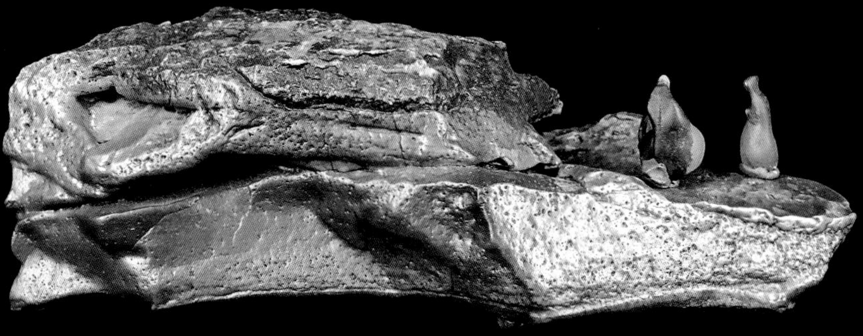

自在

做一回傻子，让人生多些自在……

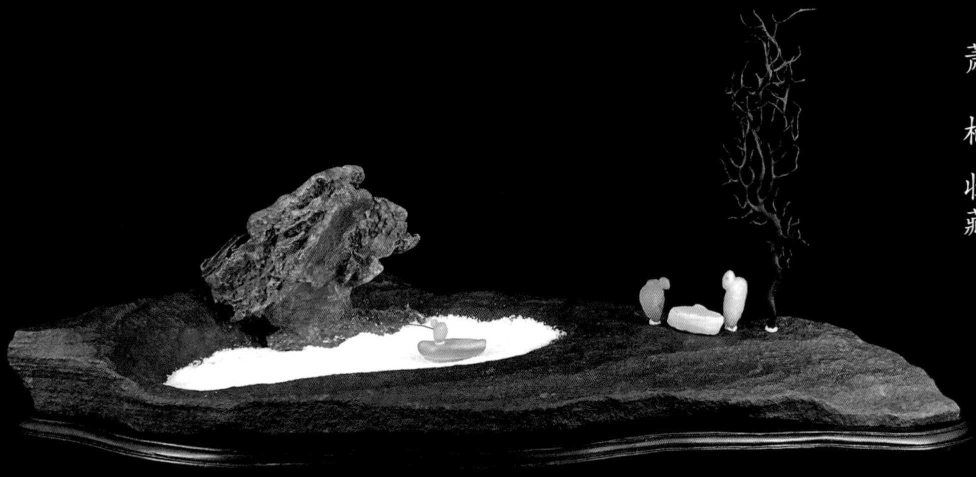

戈壁石（底板长48cm）

萧楠收藏

卖花姑娘

戈壁石（石高 13cm）

江丰收藏

石友

以石会友，不亦乐乎。

莲花石（石板长 52 cm）

戴平 收藏

天池

戈壁石（50cm × 20cm）

李小军 收藏

大吉羊

戈壁石（102cm×59cm）

扬州博物馆 收藏

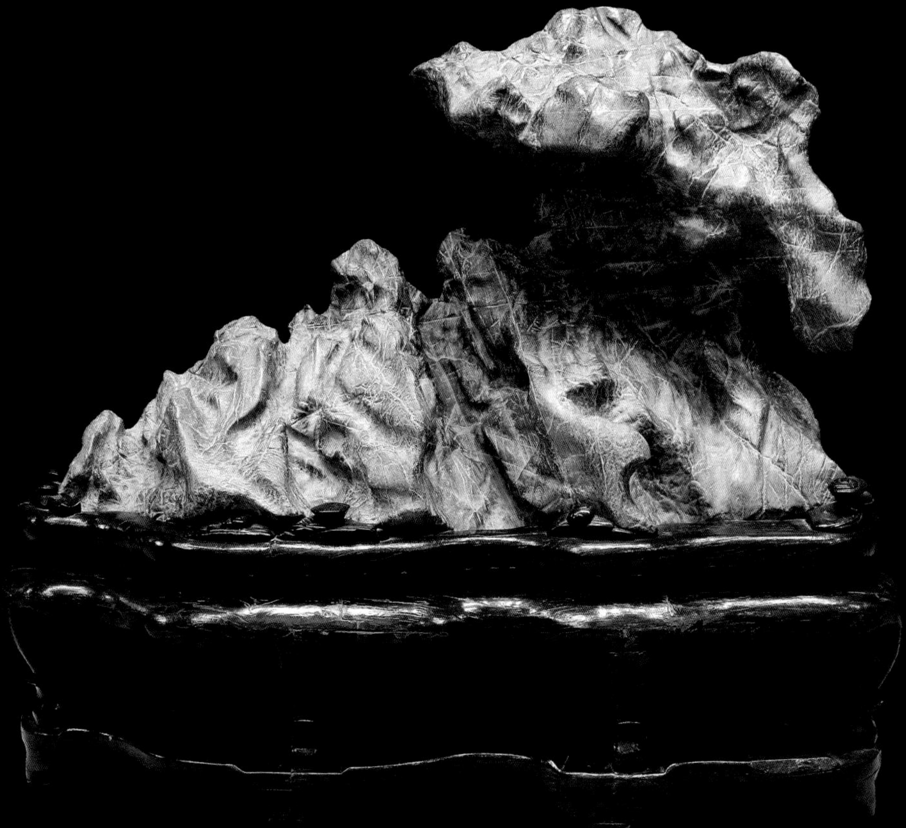

禅心牧牛

骑牛不顾人，吹笛寻山去。
暖暖村烟暮，牧童出深坞。

李小军 收藏

戈壁石（石板长43 cm）

禅

禅就是佛，佛就是如来，
如来就是如其本来。

戈壁石（石板长45cm）

戴平收藏

清官

一身正气，两袖清风。

江鸣 收藏

新疆彩玉（人物高 14cm）

老人枯树昏鸦

枯藤老树昏鸦，断肠人在天涯。

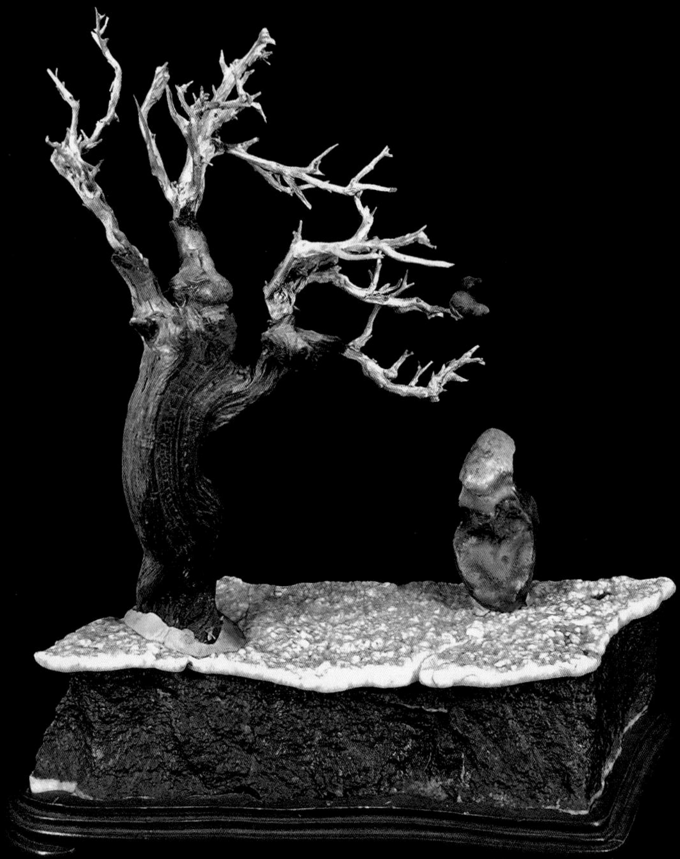

戈壁石（石板长25cm）

贺银丽 收藏

老来乐

但得一人永相伴，人生何处不灿烂。

戈壁石（石板长60cm）

戴　平　收藏

棋

闲来竹林一盘棋，驰车跃马逼将军。
出家无家一身轻，晨钟暮鼓诵佛经。

戴平 收藏

戈壁石（石板长31cm）

观　渔

五年春，公将如棠观鱼者。

戈壁石（石板长 43 cm）

周　扬 收藏

禅茶一味

品出境界，尝出真味。
一盏香茗，悠悠闲闲。

戈壁石（底板长50cm）

贾成荣 收藏

松下参禅

苍松假山逼真，人物老到，布局合理。

戈壁石（石板长 33 cm）

刘志平 收藏

邀月

举杯邀明月，对影成三人。

季维 收藏

戈壁石（板长 40cm）

抚琴图

戈壁石（人物高8cm）

贾成荣 收藏

他是谁

戴天天 收藏

戈壁石（石高 15 cm）

闭花羞月

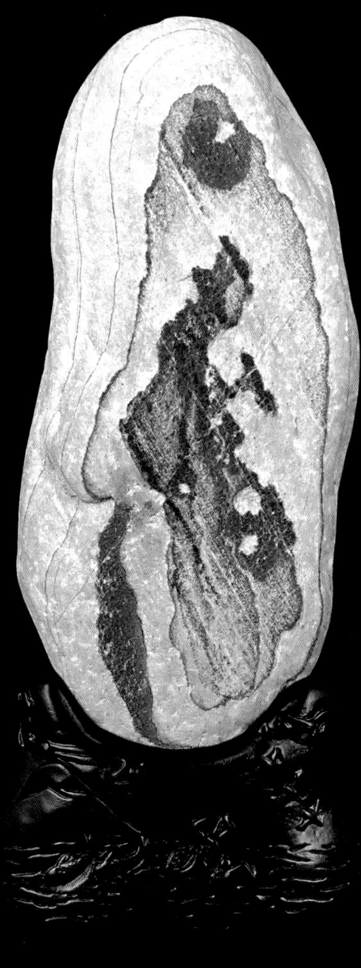

潦河石（石高 28 cm）

戴天天 收藏

卧云

白云升远岫，摇曳入晴空。
乘化随舒卷，无心任始终。

灵璧石（石高55cm）

愚石 收藏

山隐

隐于山，隐于水，隐于世。此生与尔，隐于石。

风凌石（人物高4cm）

戴 平 收藏

一代天王

天下一家，共享太平。

戈壁石（人物高 10cm）

李小军 收藏

太平天國

悟石

以石度心

僧侣们苦心修禅，而我，以石度心。

风凌石 莲花石（人物高6cm）

戴 平 收藏

军魂

到位的老兵雕像，逼真的童子献花，精绝的组合寓意着积极向上的爱国情怀。

戈壁石（左人物高7.5cm）

戴平收藏

军魂

雪景图

场景逼真，配石巧妙。好一幅雪景图。

珊瑚 戈壁石 马料（盆长 52 cm）

贺银辉 收藏

高僧有话说

苍松老僧，悟道参禅。

戈壁石（石板长48cm）

李小军 收藏

板桥遗韵

最爱晚凉佳客至，一壶新茗泡松萝。

戈壁石（左人物高10cm）

戴平收藏

午后甜点

午后甜点，小资情调。

戈壁石（底板长42cm）

江 丰 收藏

扬州名点

早上皮包水，晚上水包皮。
扬州人休闲生活的一个缩影。

戈壁石（烧卖4.2cm）

江　鸣　收藏

扬州茶食

寿桃、绿豆糕、芝麻饼、香干，大小一比一，颜色逼真，以假乱真！

雨花石（香干 8cm）

戴天天 收藏

桃李不言

桃李不言，下自成蹊。美因欣赏而存在，路因心境而延伸。

雨花石（桃6.4cm）

颜碧华 收藏

花狐

我本千年一花狐，流落深山与世殊。
清风摇落缕缕花，时时孤身望远陌。

戈壁石（石高8cm）
江 鸣 收藏

爱鹅图

对酒爱新鹅。

戈壁石（石板长 25 cm）

颜晓耘 收藏

牧牛图

勿言牛老行苦迟，我今八十耕犹力。

戈壁石（石板长35cm）

贺银辉 收藏

杀鸡儆猴

如果鸡会说话的话，鸡会问：『那为什么不杀猴儆鸡呢？』

戈壁石（石板长 39cm）

戴　平　收藏

伯乐相马

一人一马一山，简洁地组合了一个经典故事。

戈壁石（板长 55 cm）

董　明 收藏

二老论道

同餐共酒论道，乃人生快事也！

雨花石（右人物高7cm）

韩 丰 收藏

聊醉风林

仰面求人事事难，谁能不烦？
典衣沽酒枫林晚，脱俗超凡。
醉将红树当菩提，飘飘欲仙。

戈壁石（石板长 38 cm）

戴　平 收藏

赠汪伦

桃花潭水深千尺，不及汪伦送我情。

戈壁石（石板长 40cm）

戴天天 收藏

腊　肉

雨花石（石长5.6cm）

高孝明 收藏

苦　读

烛芯和蜡烛、书和人物浑然一体，组合巧妙。

戈壁石（人物高6cm）

贺银辉 收藏

霸王别姬

虞姬自刎的那一刻，我想亦是幸福的，她从对望的眸中看到了生死相许的来世，所以无怨，也无迟疑。

戈壁石（石板长 37 cm）

戴天天 收藏

谋天下

谋事虽由人，成事却在天。
心有千条计，胸藏百万兵。

戈壁石（板长 26 cm）
朱 旗 收藏

鹏程万里

大鹏展翅，志在四方。

吕梁石（石高88cm）

董　明　收藏

扬州八怪（新）

新疆彩玉 戈壁石（右四人物高4.5cm）

戴 平 收藏

敢问路在何方

敢问路在何方，路在脚下。

戈壁石（猴高5.6cm）

戴　平收藏

始祖

大漠沉睡亿万年，石人遥比猿人前。
假如周口人宗醒，屈膝躬身拜祖先。

戈壁石（人物高7.5cm）
戴天天 收藏

奋进

每一发奋努力的背后，必有加倍的赏赐。

戈壁石（人物高7.5cm）

贺银辉 收藏

佛龛

薄暮归来僧已定，佛龛独对一灯明。

雨花石（4.3cm×5.5cm）

颜碧华 收藏

瘦骨罗汉

瘦骨嶙峋，双肩耸立，

凸显出大士冥想入定之忘我境界。

雨花石（石高10cm）

贺银辉 收藏

告老还乡

任他良田美玉，唯有书册三千。

戈壁石（石高 21 cm）

王冠彭 收藏

虔诚

只有虔诚敲门的人，才能看见大门开启。

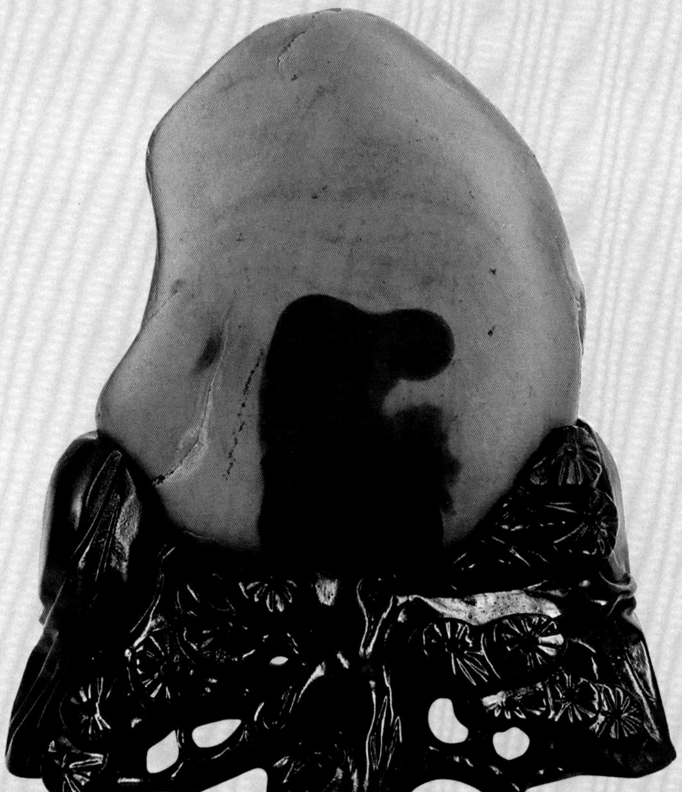

雨花石（石高 11 cm）

朱 沐 收藏

道长

道冠端正，长袍宽袖，最绝一袭拂尘在飘动。

雨花石（石高10cm）

贺银丽 收藏

弥勒佛

腹盈盈并非贪吃，其中有天地日月。
笑口从来不闭，赐人长寿秘诀。

马达加斯加玛瑙（石高11cm）

贺银丽 收藏

脸谱

一个天真、可爱、无邪的儿童脸谱。

雨花石（石高 16cm）

戴天天 收藏

老叟

石中老叟，与石永存。

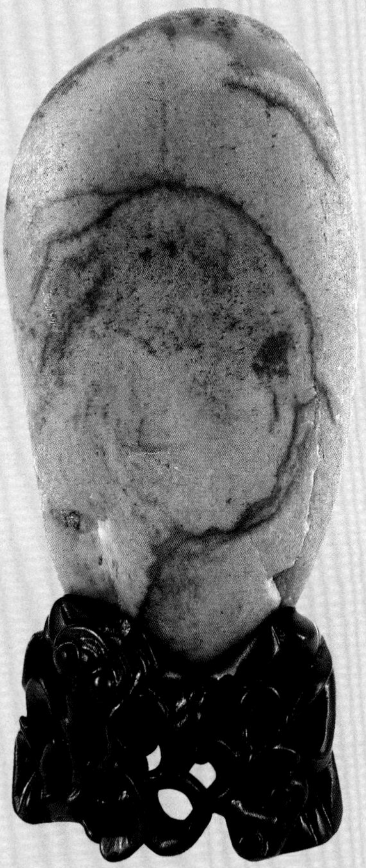

雨花石（石高 19 cm）

洪华强 收藏

陶令归田

故居将倾地将芜，抛去乌纱倍觉舒。
欲问桃源何处觅，梦中常有世间无！

雨花石（石长30cm）
戴 平 收藏

知音

伯牙子期世难寻，高山流水抚弦琴。
焦尾声断斜阳里，知音不在谁堪听。

戈壁石（石板长 55 cm）

戴　平　收藏

悟石

青蓮舫綺石 附

雲峰古剎

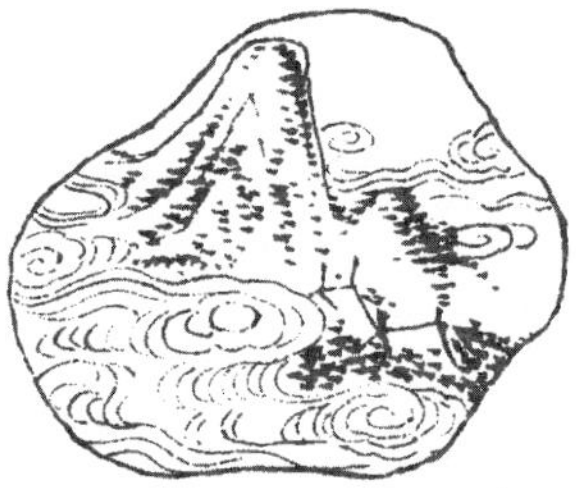

煙浦歸帆

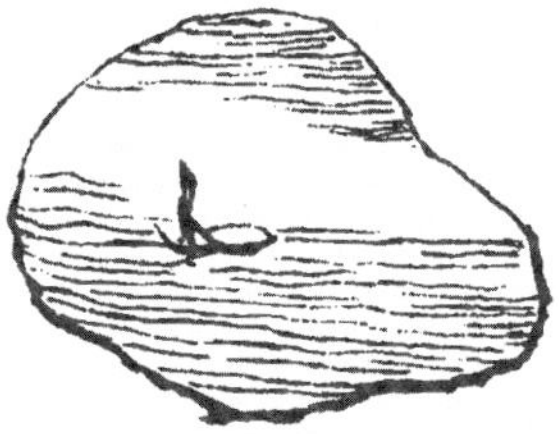

蠶娘補嬋

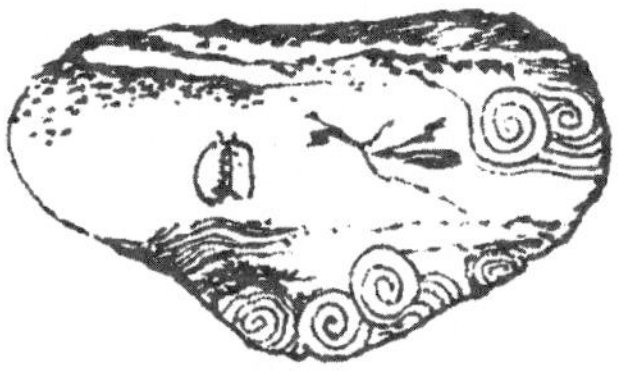

峨眉積雪

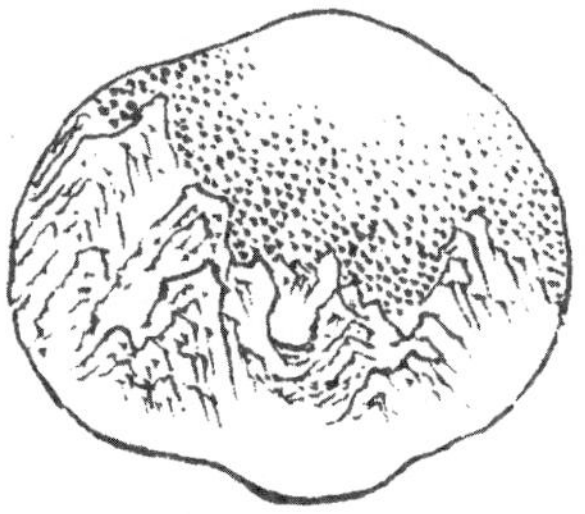

戲子老天

鳳鳴高岡

第三篇

扬州雨花石

綺石諸溪澗中皆有之出六合水最佳文理可玩多奇形怪狀自蘇端明作頌以遺佛印參寥後之好事者轉相博採以資耳目奇狀愈多不可勝紀余有米生之癖何士抑先生貽余若干枚各有品隲併識佳名時携青蓮舫中把玩竟日欣然會心有客謂余不以供僧如端明何余謂石趣頗淡不足嗜好若以供僧臭味遠矣客笑而退遂繪而圖之

（明）林有麟《素园石谱》书影

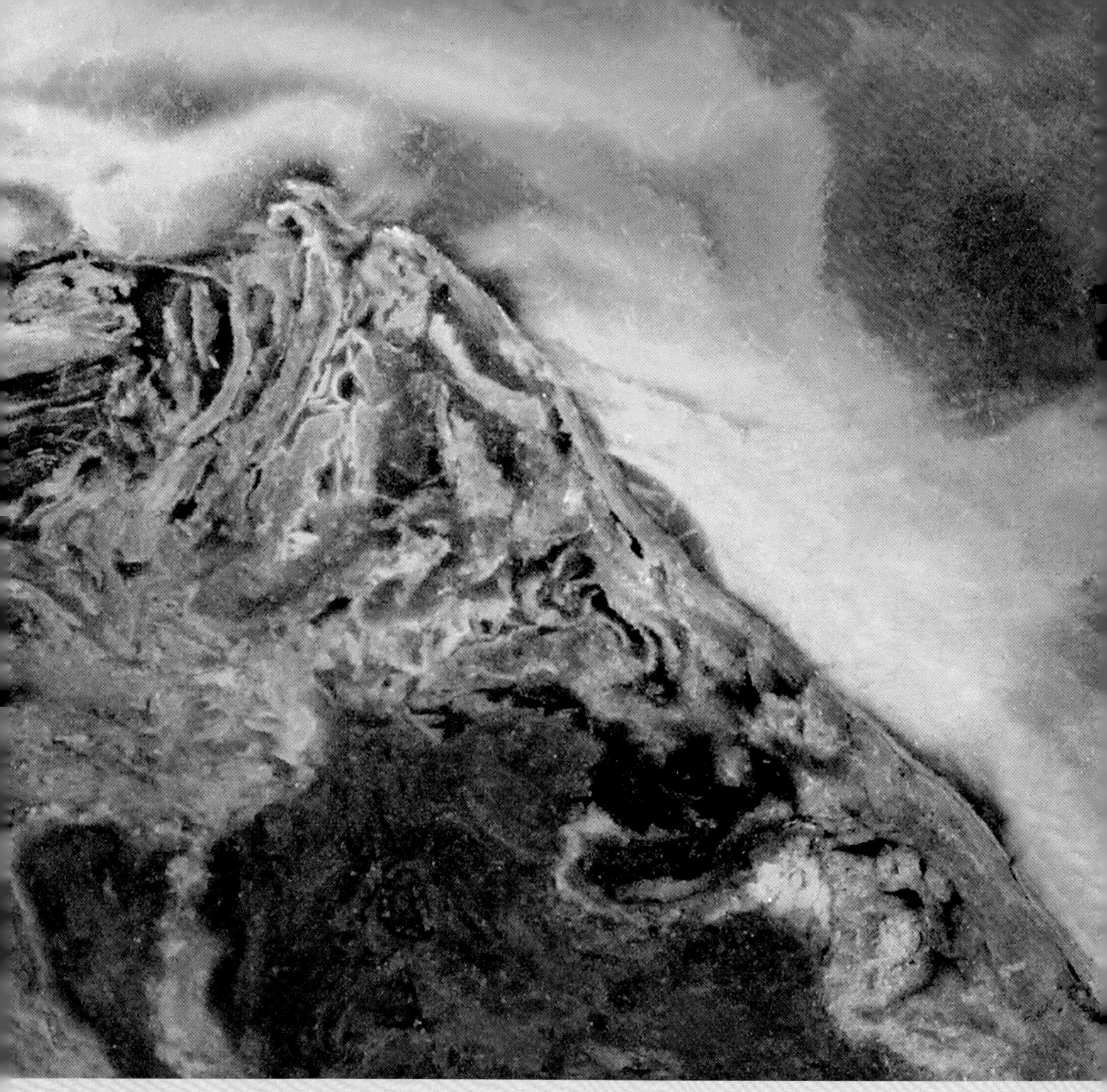

峨嵋金顶

佛顶最高处，云涛卷巨澜。

圣灯飘渺夜，万佛朝普贤。

雨花石（6.8cm×5.0cm）

李小军 收藏

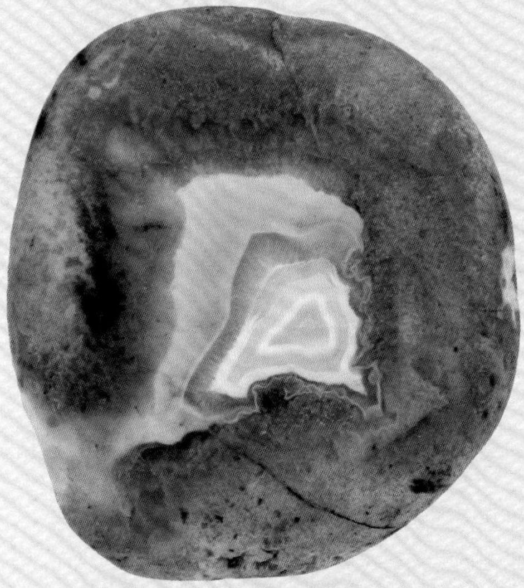 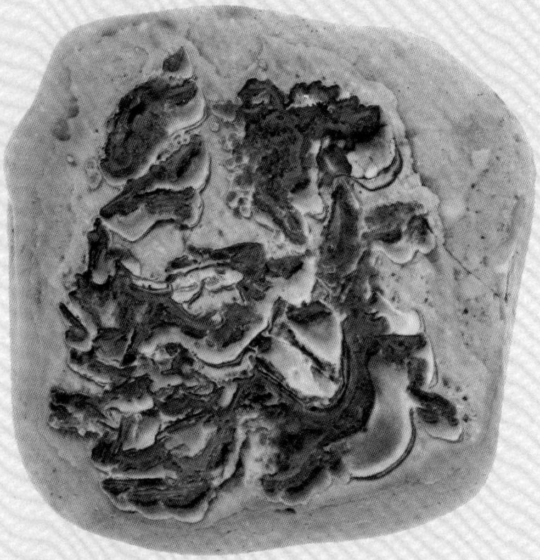

石　缘

仪征问石轩，巧石字石缘，乍惊鬼神笔，翻疑出张颠。

缘本渺无迹，石古洪荒天，时空何汗漫，双字会人间。

石刚形圆润，缘柔志方坚。可遇不可求，心诚结石缘。

雨花石（左5.7cm×6.5cm　右5.7cm×6.8cm）

王　定收藏

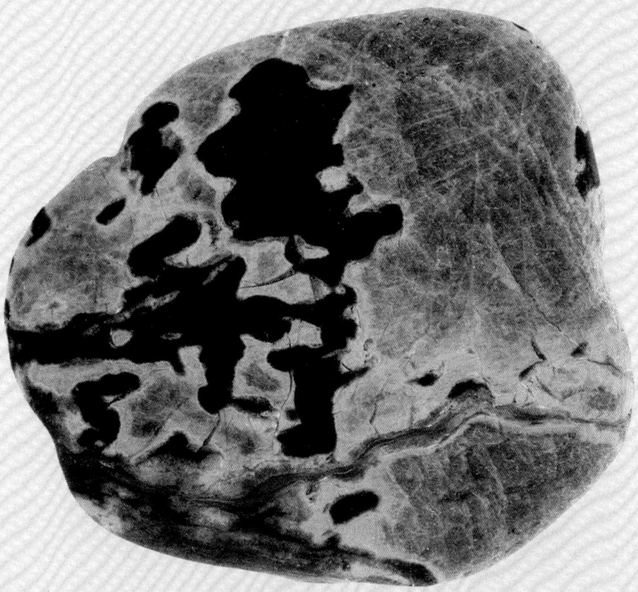

寿

康宁福寿考，酒颂见诗经。何以介眉寿，沥酒绿液春。

瓜瓞绵绵日，高堂白发生。据此寿字石，环拜祝寿星。

雨花石（6.2cm×5.5cm）

朱　彤 收藏

世界充满爱

世界处处有真爱！

雨花石（10.3cm × 7.5cm）

董玉明 收藏

湖光山色

湖波涵山影，山色映波光。水动苍山劲，山花湖水香。

野云浮远日，遥水白帆茫。把酒滔滔酹，湖山是醉乡。

雨花石（5.8cm×3.7cm）

徐正朝 收藏

俏夕阳

经典的红黑色搭配，天成一幅洋溢幸福感的老来俏形象，令人拍案叫绝！

雨花石（4.3cm×7.0cm）

江　鸣 收藏

朱毛会师

石上再现红色经典！

雨花石（7.1cm×8.3cm）

刘德亭 收藏

太公独钓

老去独凭江，暮雪空茫。
麻衣竹帽立丝长。
遥想青天逸玉鹤，遍地凝霜。
蓑草寒冰旁，白满裘裳。
暗云孤鸟正苍凉。
野径无踪人不见，一叶何方？

雨花石（15.0cm×8.0cm）

徐正朝 收藏

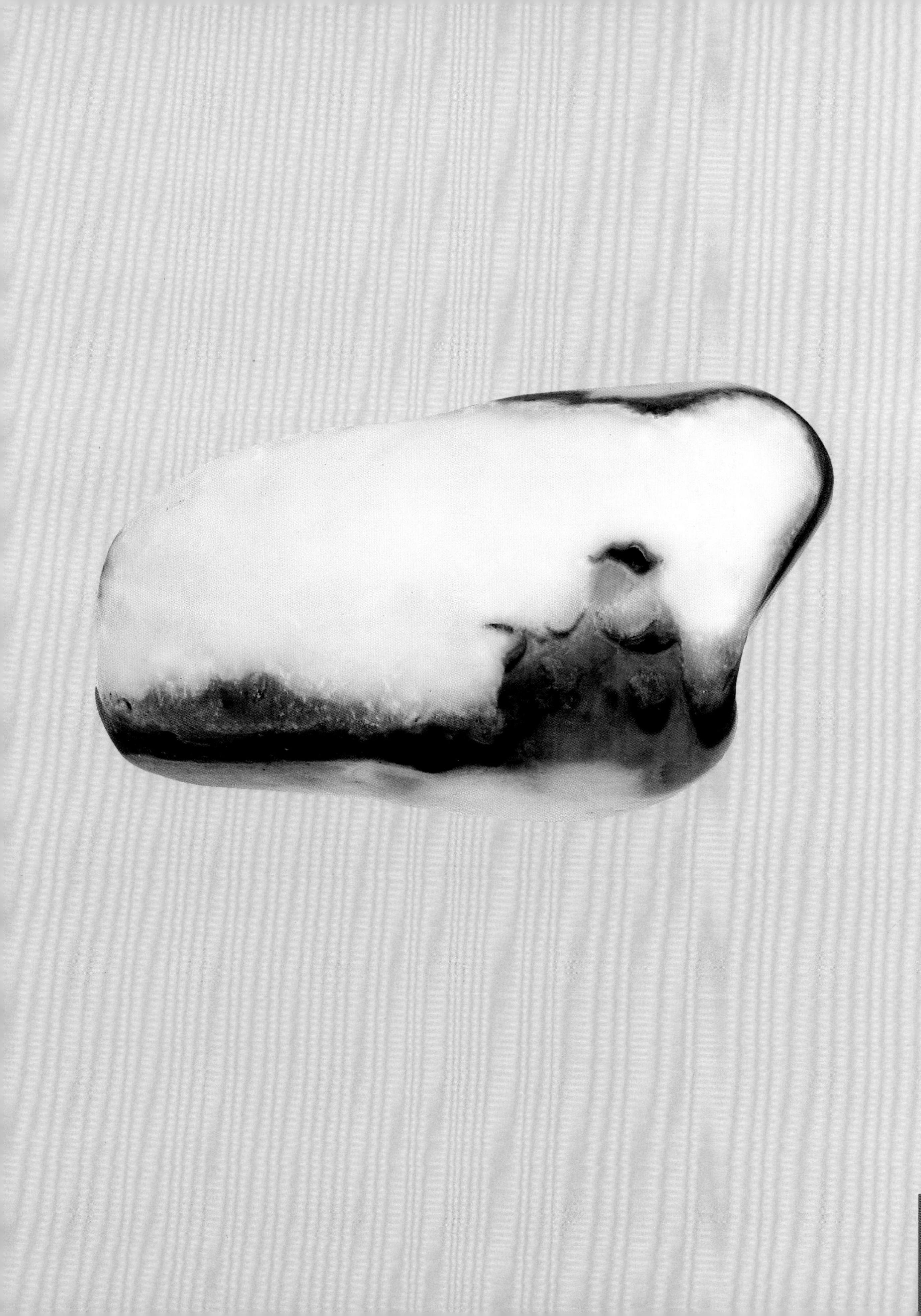

空山新雨后

空山新雨后，天气晚来秋。
明月松间照，清泉石上流。

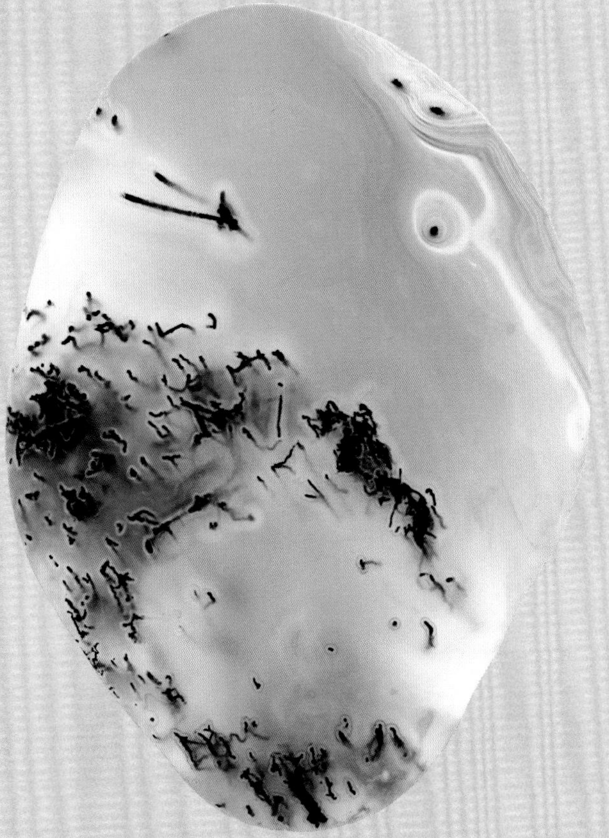

雨花石（4.9cm×6.7cm）

王 昕 收藏

七级浮屠

七级浮屠耸半空，三河环绕古今雄。
塔身无欲襟怀阔，笑对东南西北风。

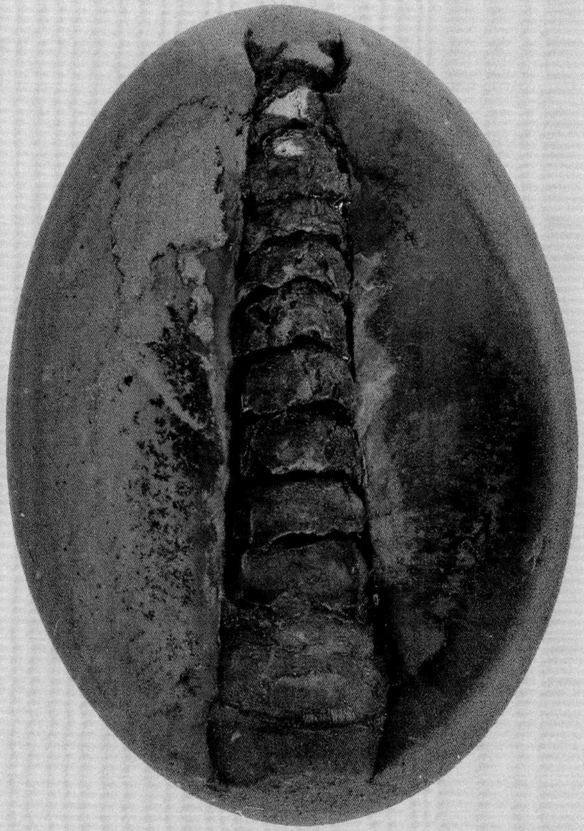

雨花石（4.2cm×5.7cm）

刘　晨　收藏

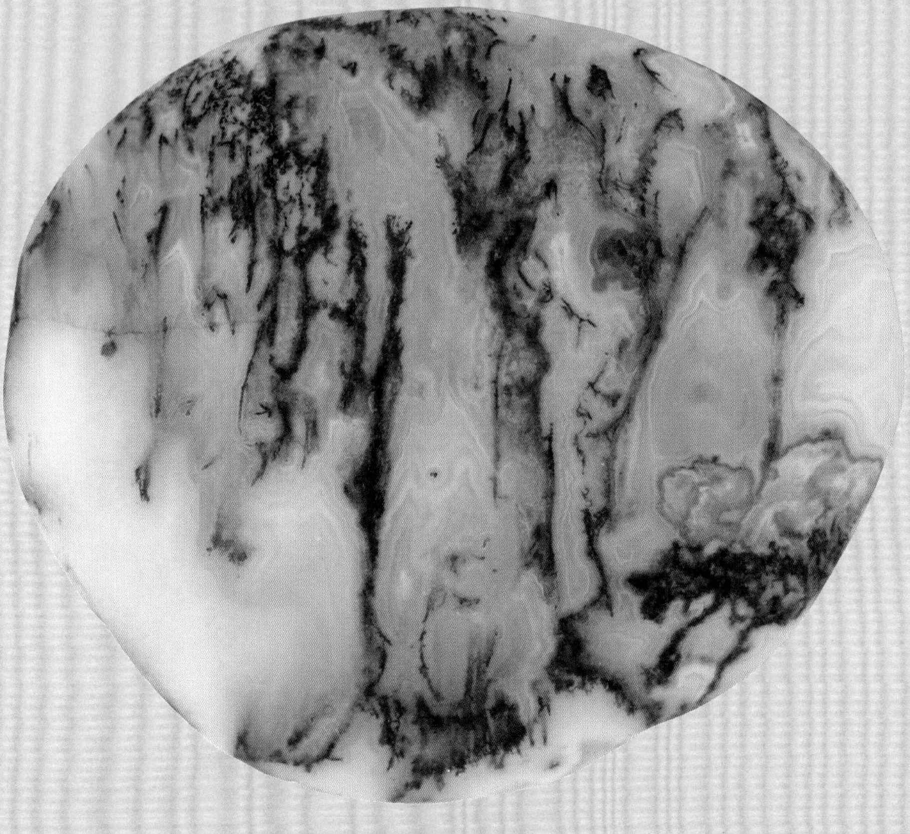

江山多娇

一边冰雪初融，一边柳绿花红。

更有春鸟，鸣于山涧中。

雨花石（6.6cm×5.7cm）

李小军 收藏

上下五千年

华夏文明史，上下五千年。黄帝驭龙去，彩云落绮烟。
花雨生碧玉，真州人杰贤。奇绝五石字，天笔记史迁。

雨花石（组合）
王定 收藏

中国雨花石

人杰地灵真饶丰，中华大地出奇珍。
君看仪征雨花石，玉润珠圆自天成。

雨花石（组合石）
王定 收藏

报春图

雪霁风清鹰飞来，一树红梅含笑开。

犹喜冰天寒彻骨，不等春风舞徘徊。

雨花石（9.5cm×5.5cm）

陈恩平 收藏

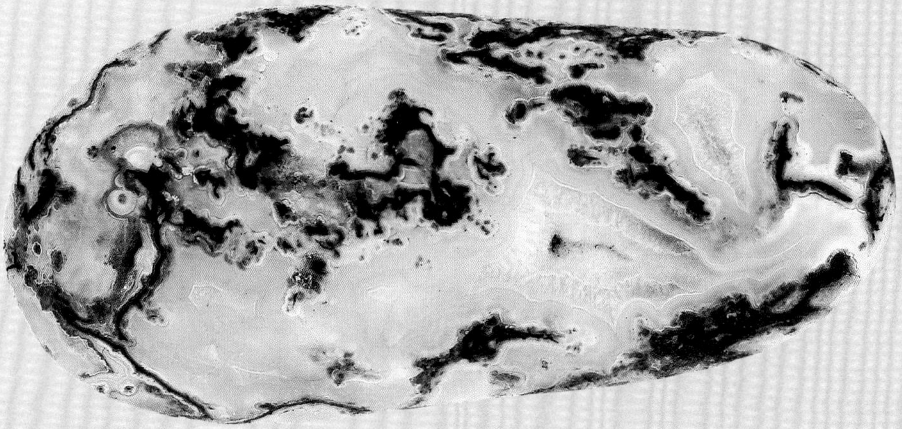

佛地祥云

祥云瑞气海茫茫，南来天竺有佛光。

欲将智慧求三证，翻卷浮尘道亦长。

雨花石（11.6cm×6.0cm）

王　定 收藏

儒道释

儒家以石载道，
道家以石悟道，
释家以石传道。

雨花石（组合石）
李小军 收藏

梦里水乡

雾柳含春，青荷舞叆，江南秀色堪爱！

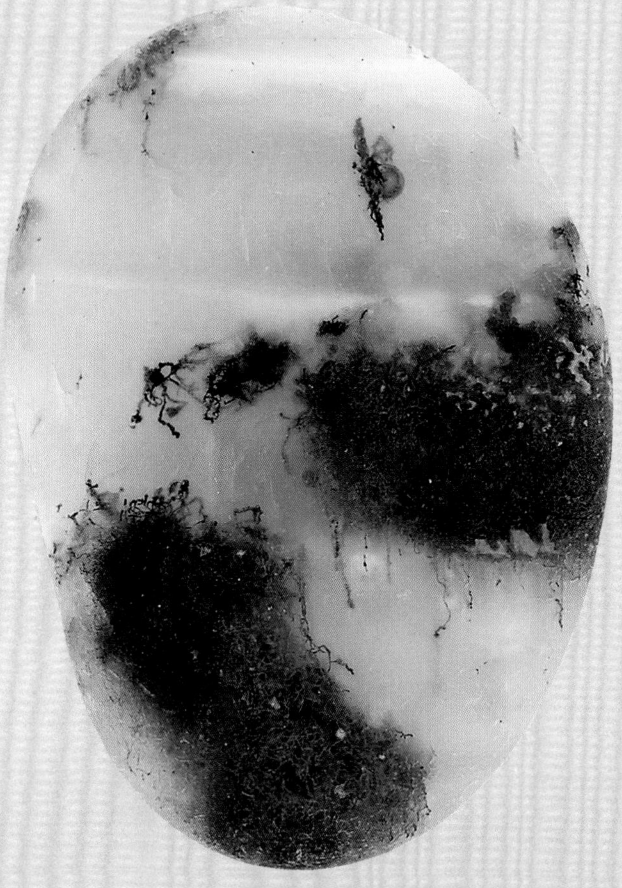

雨花石（4.0cm×5.6cm）

涂道祥 收藏

富贵花开

猩红染锦绣，朱紫点明黄。谁把云霞彩，描成富贵妆。

乱花春满眼，宝石蕴吉祥。长风几万里，破浪挂帆航。

雨花石（7.7cm×5.6cm）

朱 彤 收藏

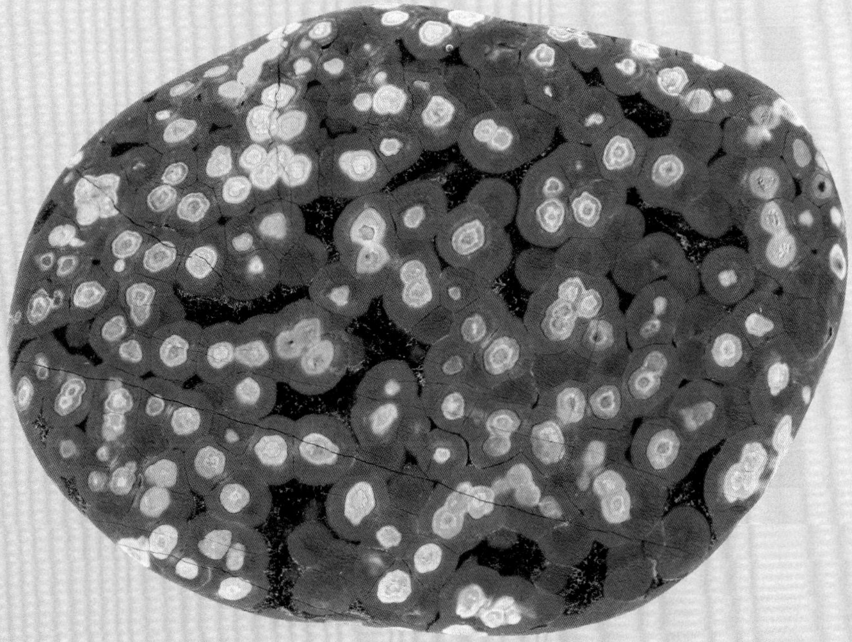

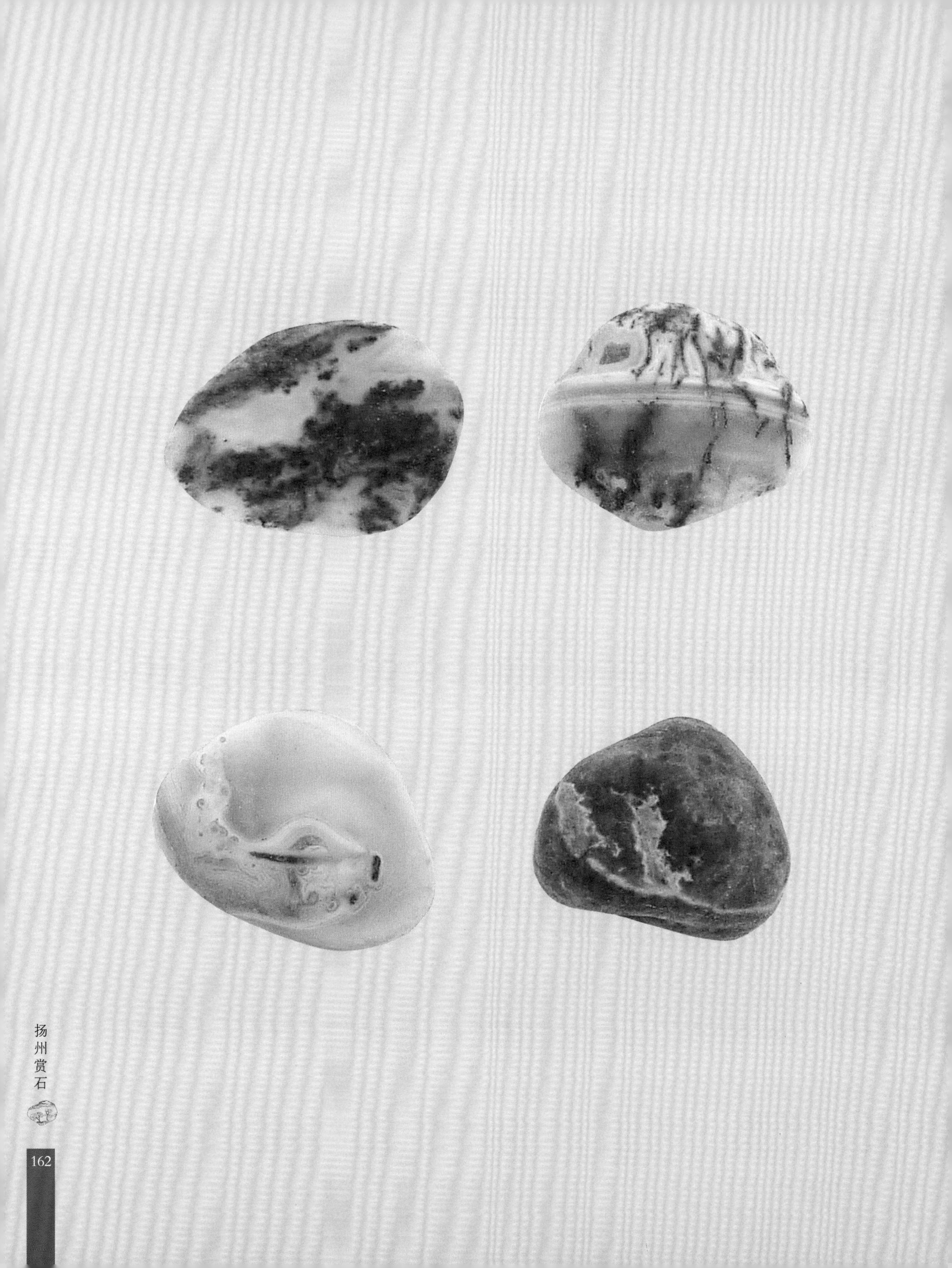

二十四桥

青山隐隐水迢迢，秋尽江南草未凋。
二十四桥明月夜，玉人何处教吹箫。

雨花石（组合）
颜晓耘 收藏

寒鸦戏水

天地何寂寂，水面平如镜。

苍穹任我遨游，河水我竞嬉戏。

低飞轻掠起浪花，振翅激荡起涟漪。

雨花石（5.5cm×4.8cm）

朱　彤 收藏

蜀岗晓月

寂寂春山里，林深晓雾开。水云沉欲坠，翠岭去还来。

野壑知啼鸟，羊肠快旅怀。爱观皓月起，皎洁明媚裁。

雨花石（5.6cm×4.5cm）

葛志刚 收藏

古寺深秋

深山隐古寺，夕照临秋水。

禅院钟未闻，此身已忘然。

雨花石（4.5cm × 5.1cm）

董　明 收藏

千岛湖

千岛春水黄花艳，万家渔歌普天飞。

雨花石（6.2cm×8.1cm）

七　碗 收藏

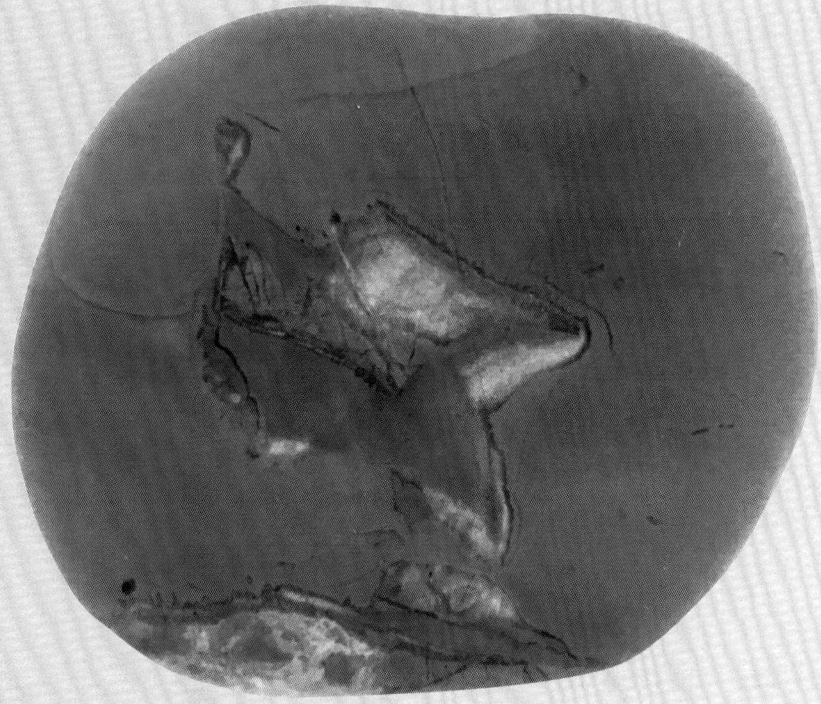

抚琴图

风前月下抚心琴。

雨花石（8.8cm×7.7cm）

唐家骅 收藏

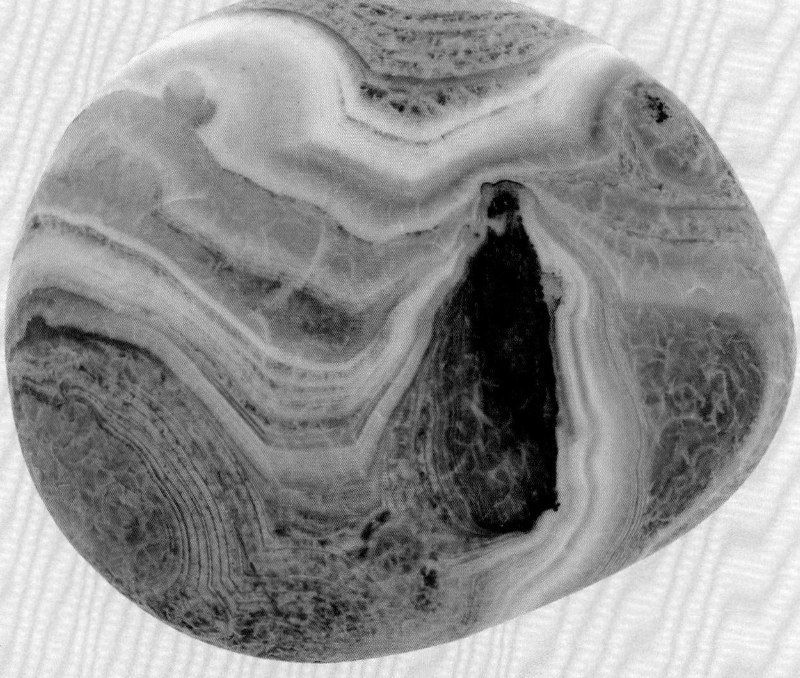

吴王夫差

吴王筑邗城，两千五百春。

而今何处觅，雨花石中寻。

雨花石（3.9cm×4.6cm）

朱 旗 收藏

唐卡

拉萨河边旖旎风光，布达拉宫壮丽辉煌。
阳光下翱翔雄鹰展，草原上成群现牛羊。
经幡飘拂座座山岗，千年唐卡耀眼灵光。

雨花石（4.5cm×6.3cm）

朱彤 收藏

宋元画意

一再地拜着画境，乞问隐身的大师。
何处时间的深谷，能购得那支神笔。

雨花石（4.1cm×4.8cm）
江 鸣 收藏

城市规划图

城市的蓝图，妙手天成。
这一定是两千五百年前，邗城的模样。

雨花石（5.3cm×3.9cm）
江 丰 收藏

夜　读

谁鄙贫家子，囊萤夜照读。苏秦愤白眼，老范冷粥图。

诗史十三卷，富儿肯逐书？未来天下事，秉烛看鸿鹄。

雨花石（4.3cm×4.0cm）

高孝明 收藏

夕下随风

向晚流霞静，短松上北岗。柔风拂面起，朱霭傍山扬。

闻鸟层林秀，偎河芰草香。夕阳村落里，袅袅炊烟长。

雨花石（4.0cm×5.7cm）

刘　晨 收藏

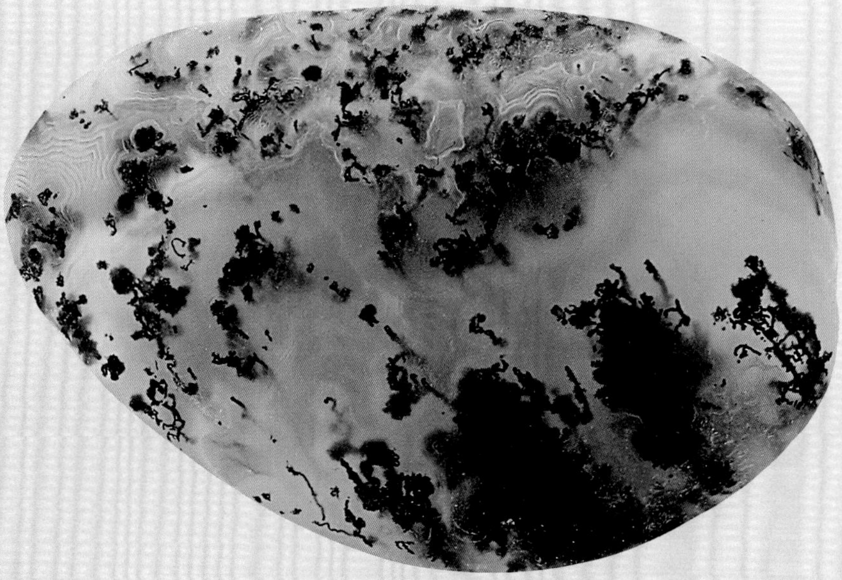

子　鼠

石如白玉，鼠亦分明。

难得通体红润，更兼形态机敏。

雨花石（5.2cm×6.9cm）

董玉明 收藏

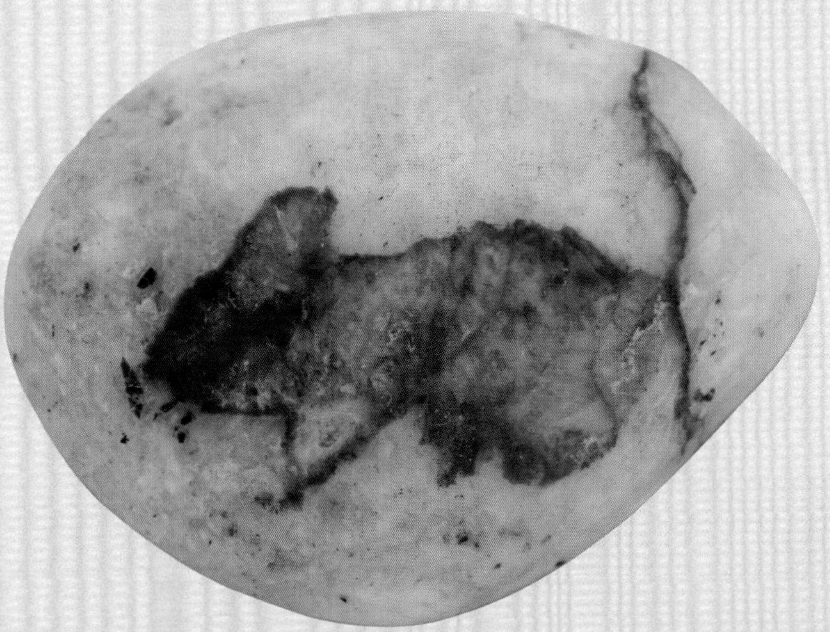

汗血宝马

色艳并呈立体凸出，宝马。

雨花石（8.5cm×7.9cm）

蔡全恒 收藏

红梅闹春

疏是枝条艳是花，春妆儿女竞奢华。
闲庭曲槛无余雪，流水空山有落霞。
幽梦冷随红袖笛，游仙香泛绛河槎。
前身定是瑶台种，无复相疑色相差。

雨花石（4.0cm×5.5cm）

朱 彤 收藏

奇花异草

这幅形奇色艳的画面，只有天工能成就。

雨花石（4.2cm×5.1cm）

周 扬 收藏

一叶知秋

揽一石烟雨，怀一份秋叶，守一方宁静，在千百年的光阴中，坐拥季节深处的深情浅怨，享静好时光。

雨花石（15cm×8cm）

韩 丰 收藏

春衫日暖薄且轻

雨花石（5.2cm×6.7cm）

朱学明 收藏

松鹤卧佛图

松山溪云，鹤舞和鸣。佛祖高卧，天下太平。

雨花石（9.0cm × 5.8cm）

七　碗 收藏

润物无声

好雨知时节，当春乃发生。
随风抚新禾，润物细无声。

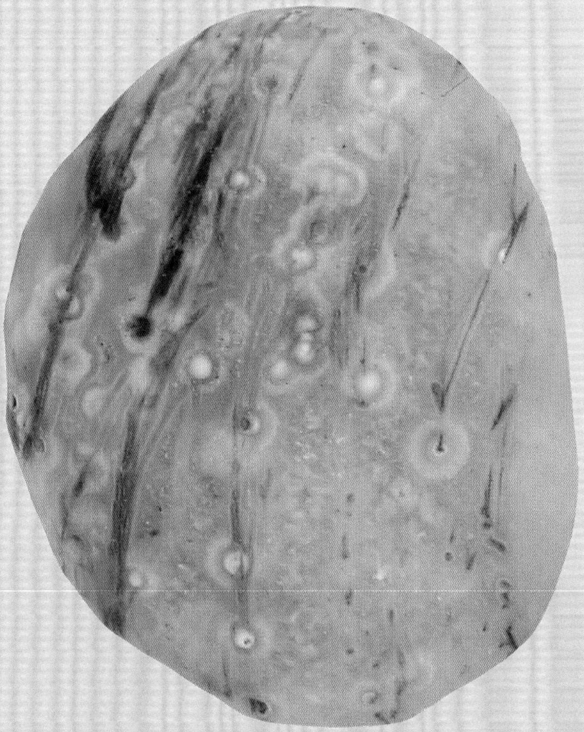

雨花石（4.5cm×5.5cm）
王恩铭 收藏

火眼金睛

火眼观千万里，金睛辨真善美。

雨花石（3.9cm×4.8cm）

江　鸣 收藏

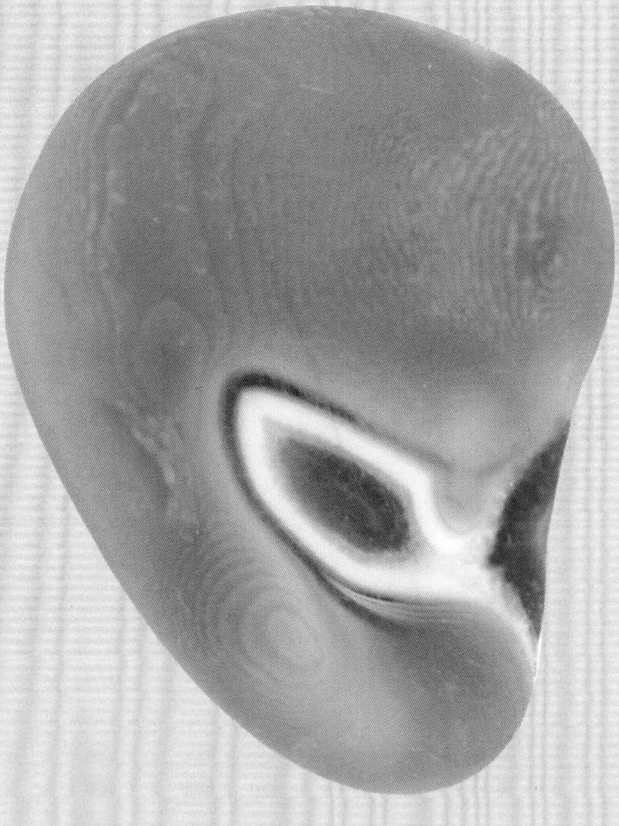

生　机

大地初阳照，微微暖气吹。一冬蛰伏草，紫茎逐光辉。

雨花石（4.8cm×3.5cm）

徐正朝 收藏

石猴惊世

火眼金睛八卦炉，大圣振臂呼欲出。

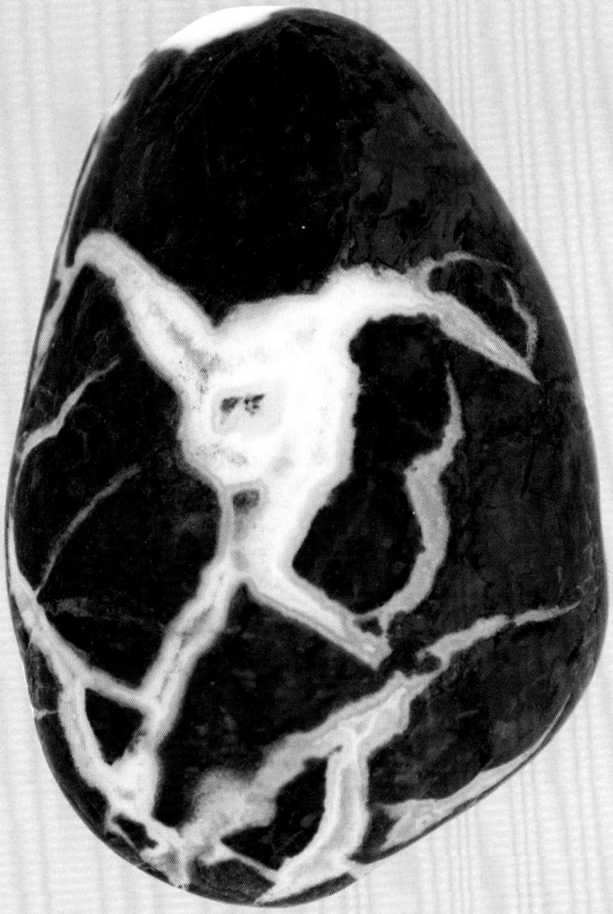

雨花石（4.0cm×5.7cm）

李小军 收藏

白蛇

清波的弧线，形态的婀娜，
柔情似水，白蛇是个小精灵。

雨花石（5.7cm×4.4cm）
周家石 收藏

猪八戒

傻的可爱，萌的有型。

雨花石（4.5cm×4.8cm）

洪华强 收藏

郑板桥

"三绝"诗书画，七品父母官。

雨花石（8.8cm×8.6cm）

朱　旗 收藏

携手走天涯

人生驿道上，与子相扶将。依偎沫相濡，携手渡河梁。

落日金辉在，同心白发苍。蓬瀛神驻看，羡我老鸳鸯。

雨花石（6.3cm×5.3cm）

周国斌 收藏

灵　猴

八荒灵气孕顽石，不知岁月甲午戌。

雨花石（5.3cm×4.5cm）

季　维 收藏

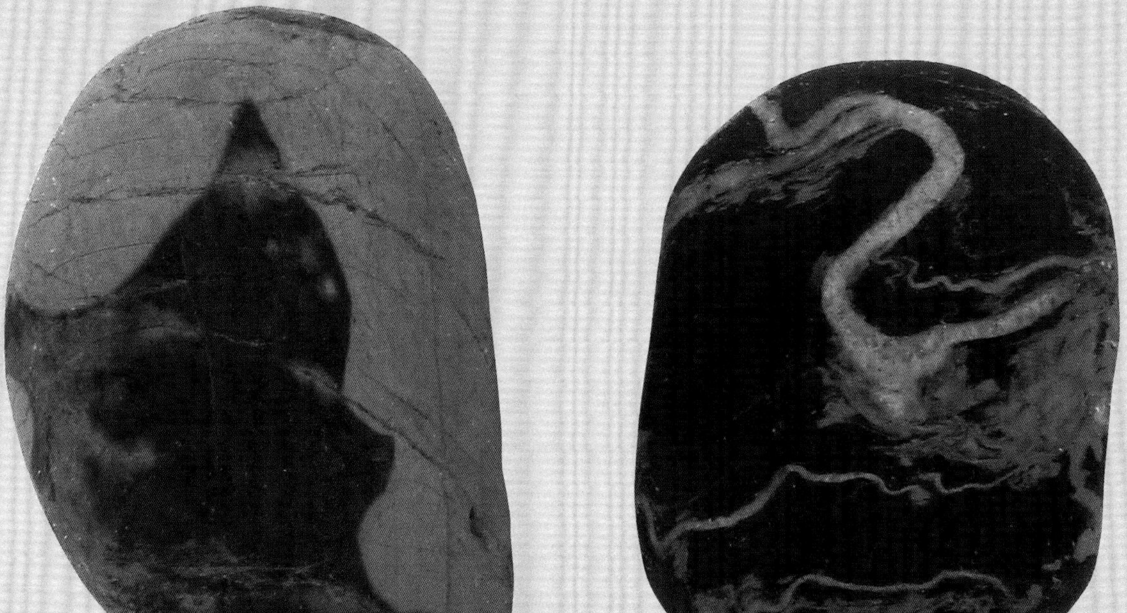

真龙天子

功高盖世，名垂千古。

雨花石（左4.0cm×6.0cm　右4.0cm×5.0cm）

贺银辉 收藏

秋巡图

行走水云间，看层林尽染。

雨花石（8.2cm×6.6cm）

周家石 收藏

秋　藤

藤丝秋不长，竹粉雨乃馀。

谁为须张烛，凉空有望舒。

雨花石（4.8cm×5.0cm）

贺银丽 收藏

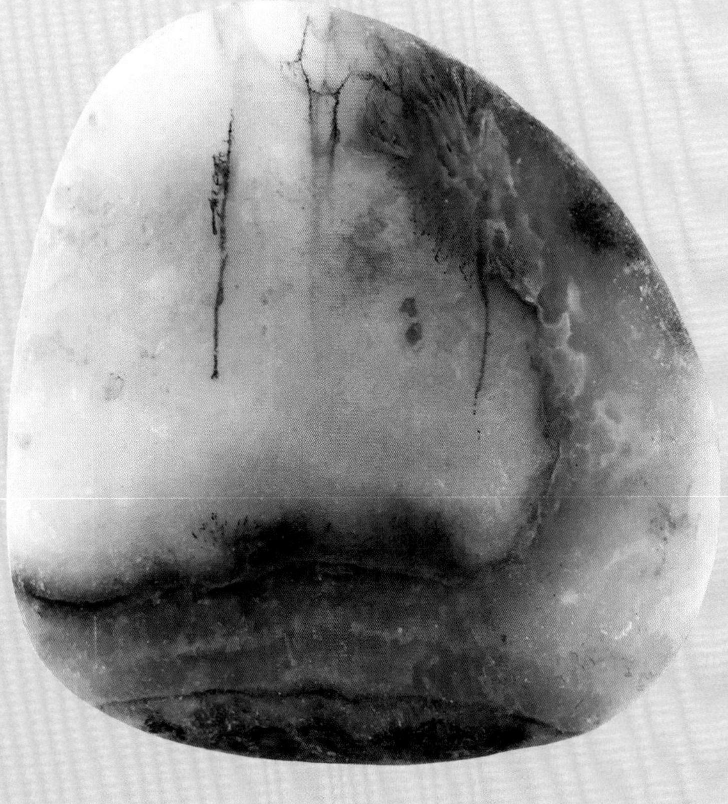

中国好声音

真音乐，真声音，就是中国好声音！

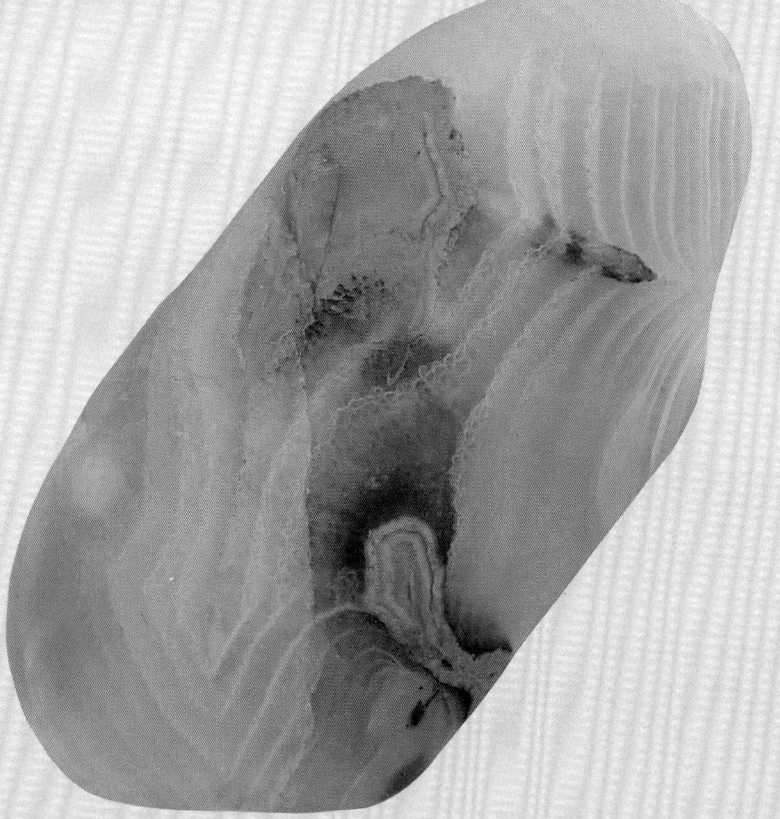

戴天天 收藏

雨花石（3.5cm×7.0cm）

豆蔻年华

娉娉袅袅十三馀，豆蔻梢头二月初。

雨花石（8.0cm×11.0cm）

戴天天 收藏

蜡笔小新

蜡笔小新放学早，路上独自好无聊。

脑子一动灵光闪，调皮点子又冒泡。

雨花石（4.2cm × 3.9cm）

七　碗 收藏

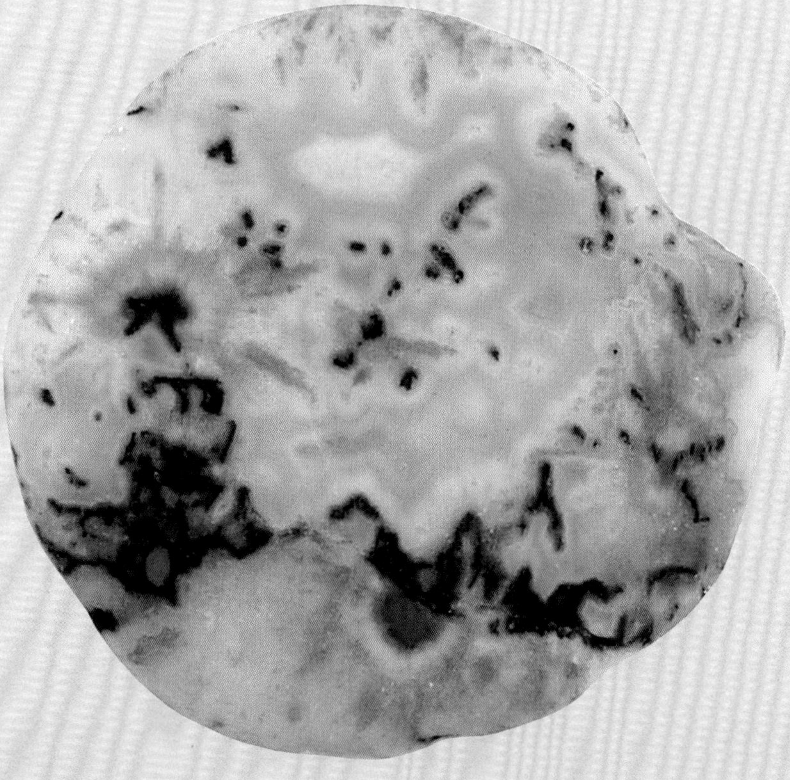

绿野仙踪

峨冠青衣一道仙，云气冉冉绿野间。

欲问仙家古今是，佛尘颔首已忘言。

雨花石（6.8cm×4.2cm）

朱红英 收藏

蝶　舞

傍花看蝶舞，近柳听莺鸣。

雨花石（6.0cm×5.5cm）

张　海 收藏

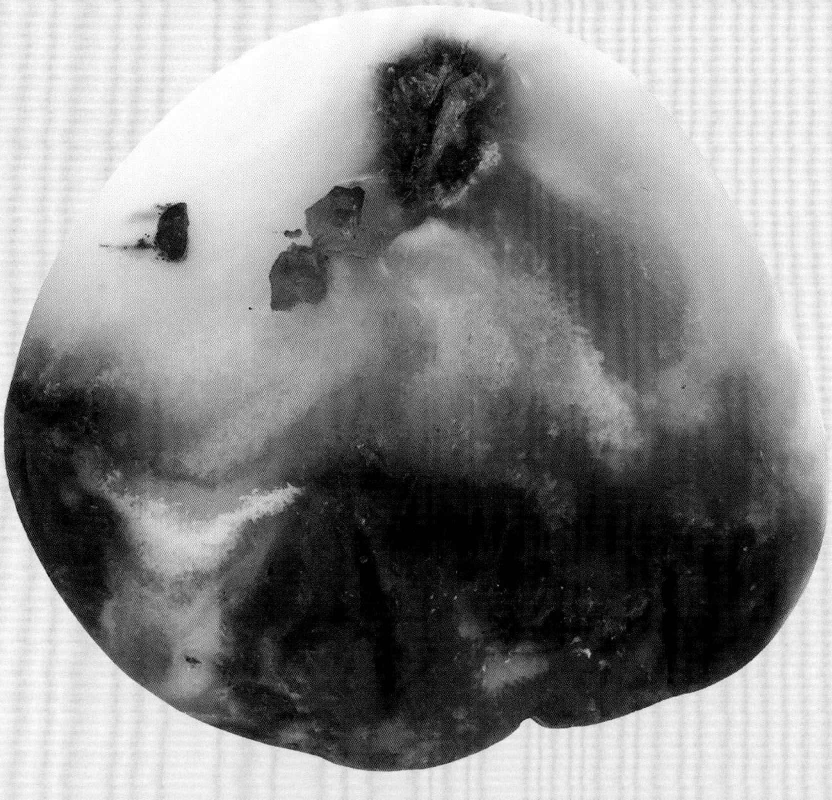

血染的风采

共和国的旗帜上，有我们血染的风采。

雨花石（5.5cm×6.0cm）

王恩铭 收藏

观　音

低眉俯瞰，大悲无泪慈济世。

大爱无言度众生，一步一莲花。

雨花石（3.6cm×6.0cm）

朱红英 收藏

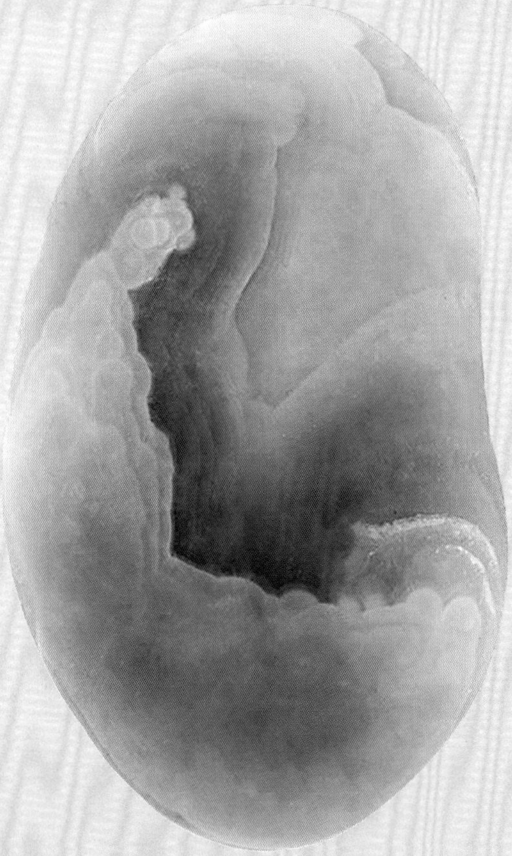

美猴王

火眼金睛。

雨花石（3.9cm×5.2cm）

高宇收藏

黄莺觅食

草木随心画，飞禽笔笔工。

奈何无款识，举首问天公。

雨花石（4.0cm×4.6cm）

朱　旗 收藏

雏　鸡

它刚出壳，就看到了五彩缤纷的大千世界。

雨花石（3.8cm×4.6cm）

季　维 收藏

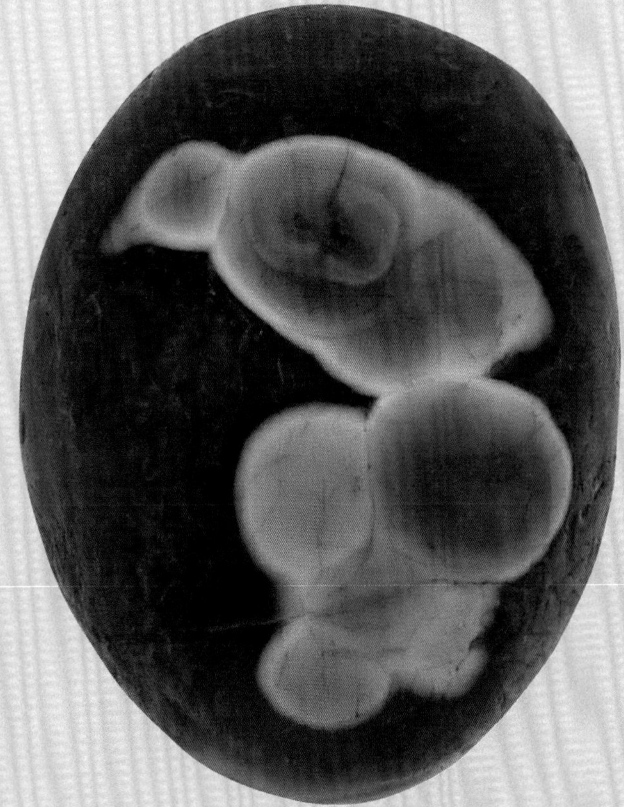

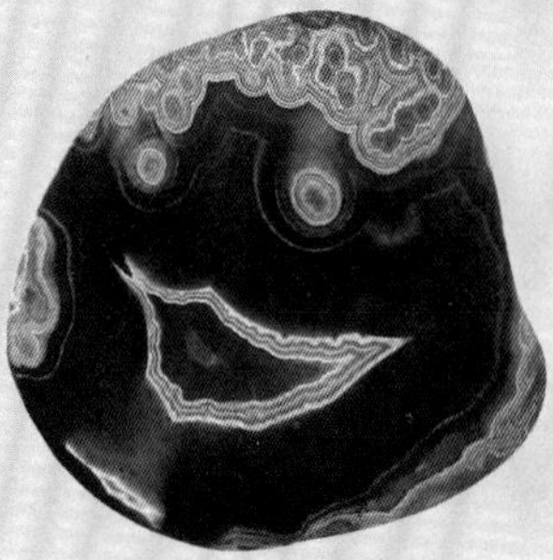

笑口常开

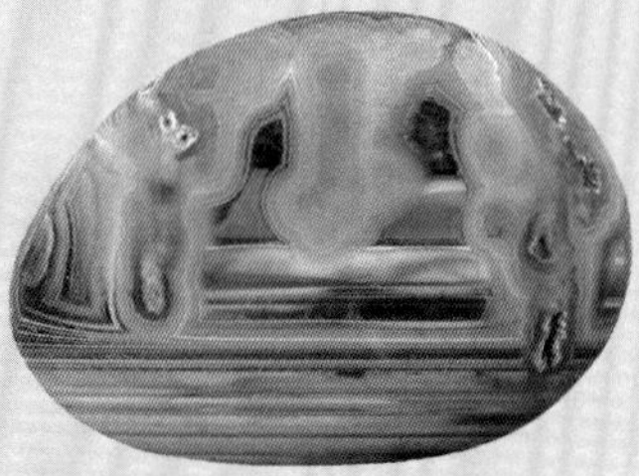

讲经说法

惨不忍睹

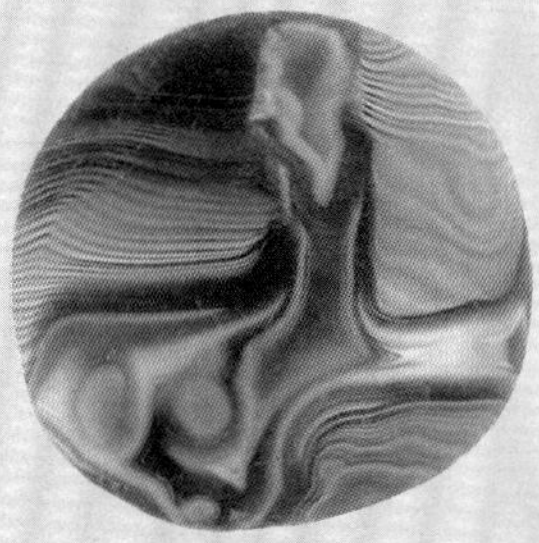

待字闺中

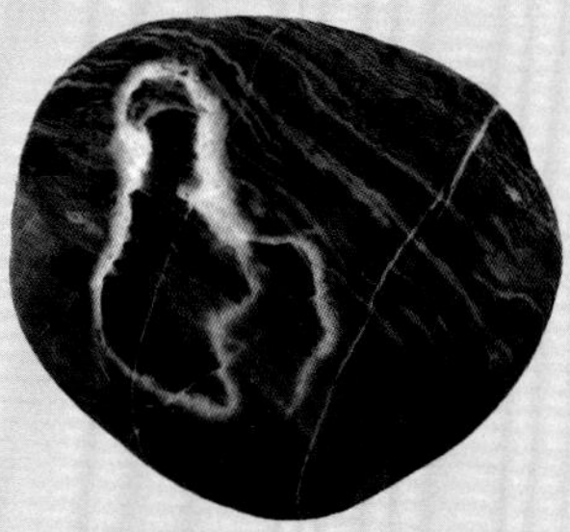

愿者上钩

拂袖而去

谗言佞语

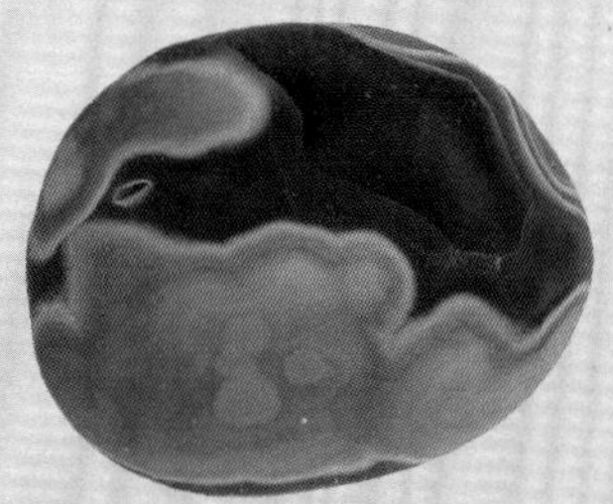

鸿雁传书

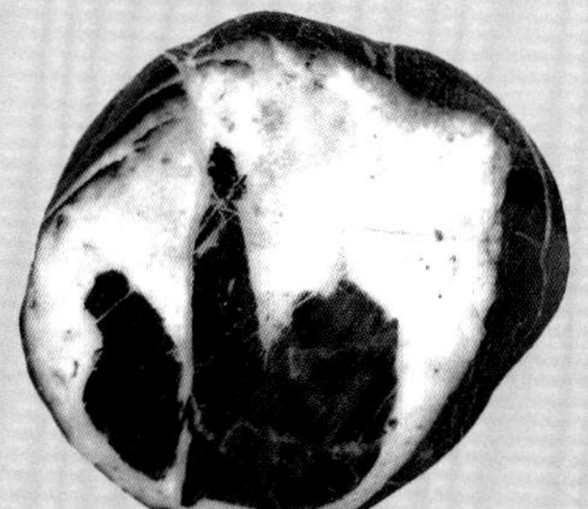

话不投机

雨花石上的成语

成语大部分出自于经典著作，是中华文化的“活化石”，是汉语中的味精。成语展现出的语境之美、画面之美，回味无穷，堪称经典！一组由雨花石图解的成语，妙趣天成，别具一格。

雨花石（组合）

江　鸣 收藏

雨花石上的扬州风景

虹桥遗梦扬州慢，吹台唱晚广陵散。

雨花石（组合石）

江　鸣 收藏

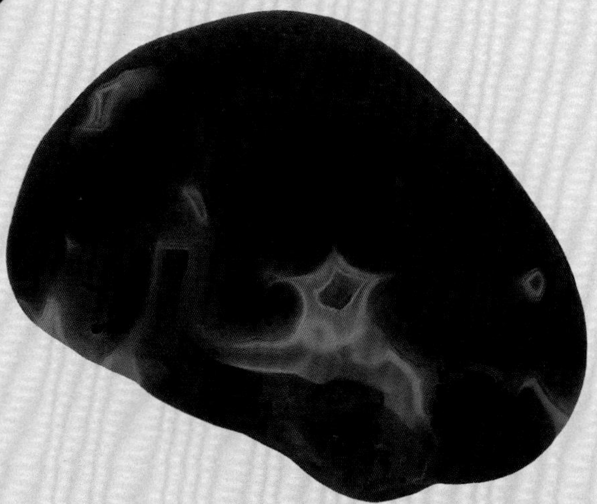

美人韵

东非有美女，阿比西尼亚。细脂凝肤黑，如丝摩且滑。

粉妆浅浅晕，云霜微微搽。蛋白何须秀，野风也丽华。

雨花石（4.5cm×4.3cm）

葛志刚 收藏

黄鹤楼

天造危楼壮河山，黄鹤杳杳逝云端。

俯指长桥车如水，环顾江城恍似船。

五月落梅随波下，我心逐之望乡关。

举杯诚邀谪仙客，风吹柳花当尽欢。

雨花石（6.4cm×8.2cm）

陈恩平 收藏

黄山一景

黄山光明顶，突兀戳一岩。

危石倚天起，短松傍崖栽。

雨花石（5.6cm × 4.0cm）

葛志刚 收藏

珐琅彩

谁合中西璧，深宫古月轩。

君家真妙石，金缕玉胚间。

雨花石（4.1cm×5.5cm）

刘天黄 收藏

青藤葫芦

灵根老尚郁槎枒，自承天泽披霓霞。

更知山河多赤子，乡恋一脉牵万家。

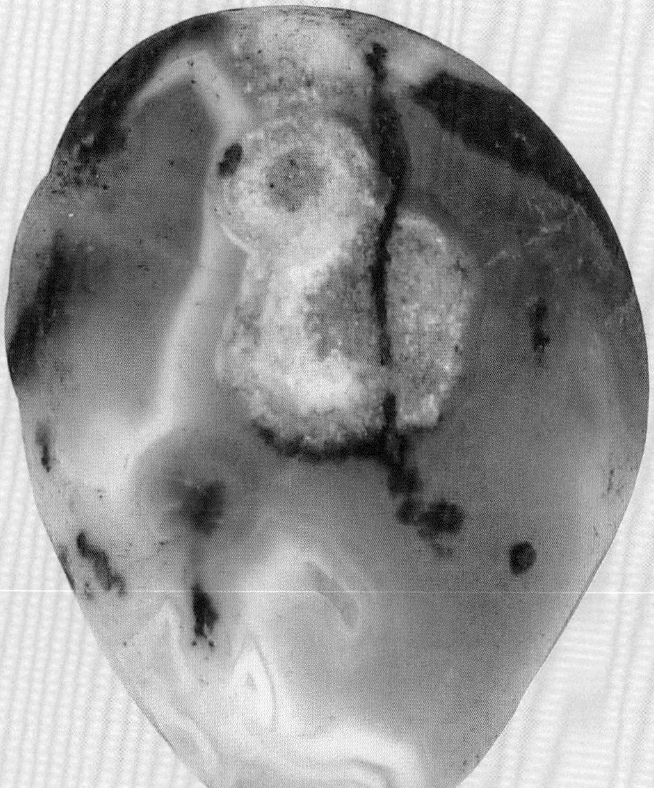

雨花石（3.7cm×4.8cm）

徐 晨 收藏

东方红

破碎河山叹陆沉，华夏韶光出伟人。
领导苍生干革命，一唱雄鸡世界闻。

雨花石（组合）
王 定 收藏

戈壁风光

戈壁行深处，奇迹在眼前。诡石如列阵，黑云欲压天。

风卷闻鬼哭，突奔狂沙旋。至今新疆地，鬼城现人间。

雨花石（8.0cm×8.0cm）

王　定 收藏

关山月

明月渡关山，苍茫云海间。

残阳红似血，岭暗玉浮天。

雨花石（4.9cm × 4.2cm）

葛志刚 收藏

珐琅缸

美哉珐琅彩，出自雍乾年。红黄蓝紫艳，瓷色镶铜胎。

雨花石（4.2cm×4.5cm）

谢荣新 收藏

酒　鬼

酒醒靠在坛前坐，酒醉倒在坛边眠。

坛前坛边日复日，半醒半醉年复年。

雨花石（4.5cm×6.4cm）

江　鸣 收藏

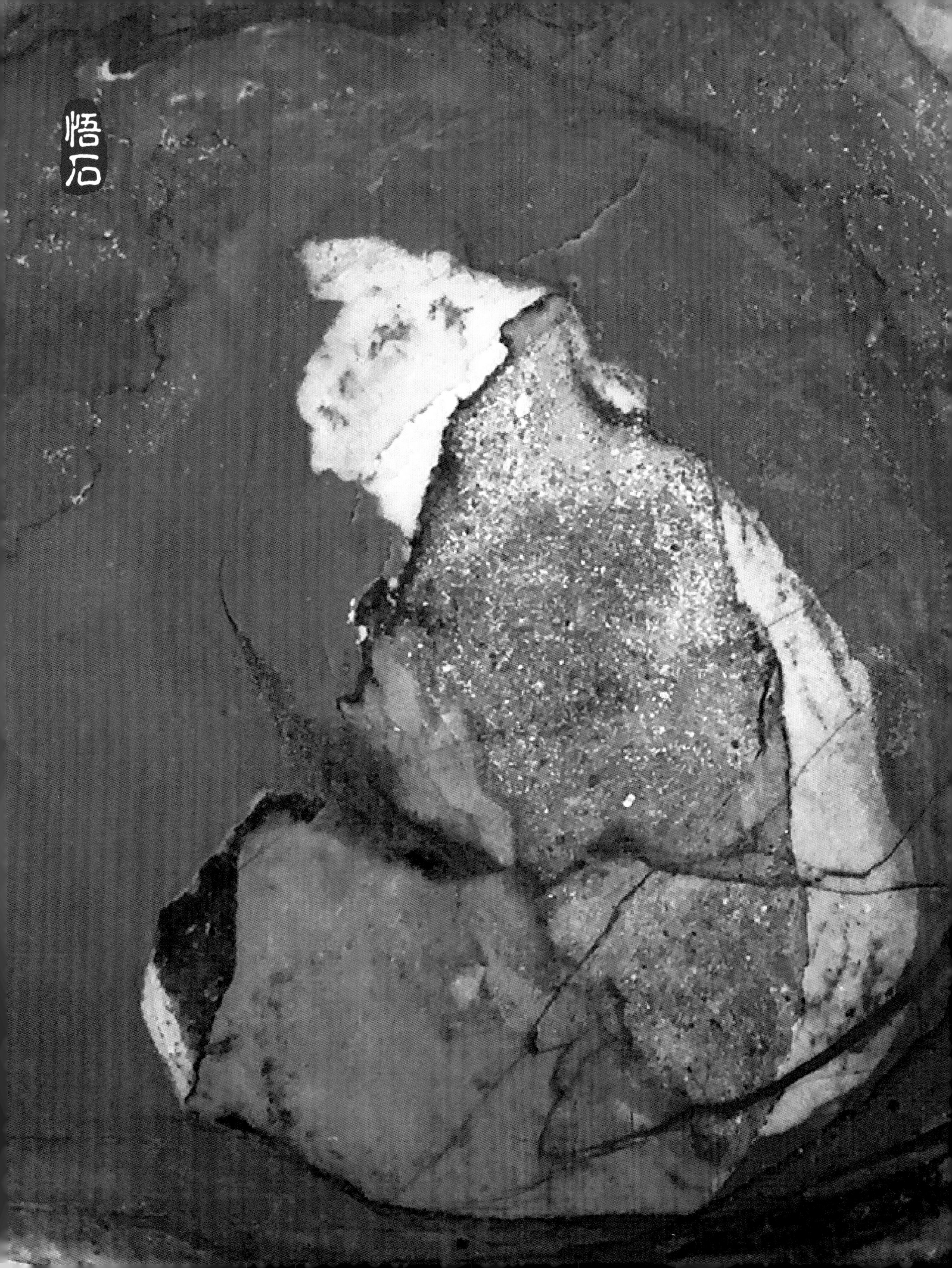
悟石

悟

苦思冥想悟人生，物换星移终有成。

世人求百岁，顽石万古存。

所以你钻入石中，生命永恒！

雨花石（10.6cm×7.5cm）

戴　平 收藏